江西省一流本科课程配套教材

高等学校应用型人才培养系列教材

肖名希　主　编

谢远欣　刘　晶　副主编

After Effects
影视后期特效制作

微课版

U0300651

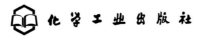

化学工业出版社

·北京·

内容简介

本书针对影视行业高素质应用型人才培养需求而编写，主要讲解了After Effects影视后期特效制作基础知识、核心功能、典型案例应用。全书理论与实践相结合，设置了10章内容，67个教学案例，并在多个案例中有机融入中华优秀传统文化元素。其中，第1～6章为AE软件初级阶段学习，通过实例操作熟悉软件基本功能，初步了解影视后期特效制作思路；第7～9章为进阶阶段学习，通过抠像、跟踪特效、角色动画制作等功能学习与案例实践，提高学习效果与实际操作能力；第10章通过综合案例实际操作来提高实战能力，使学习者能够独立制作影视项目。为方便理论学习与实践操作，本书纸数一体，配套34个视频资源，可扫书中二维码查看，配套45个案例工程文件、36个案例素材可登录化学工业出版社官网下载、使用。为便于教学，教师可登录化工教育网注册后获取课件、教学大纲等资源。

本书可供高等学校影视动画、数字动画、数字媒体艺术、数字影像设计、影视多媒体技术、游戏设计、视觉传达设计、广告设计等专业教学使用，也可供影视制作、动画创作、游戏设计工作者和相关研究者参考与借鉴。

图书在版编目（CIP）数据

After Effects影视后期特效制作 / 肖名希主编. —
北京：化学工业出版社，2024.5
ISBN 978-7-122-44913-9

Ⅰ.①A⋯ Ⅱ.①肖⋯ Ⅲ.①图像处理软件 Ⅳ.
①TP391.413

中国国家版本馆CIP数据核字（2024）第080718号

责任编辑：张　阳　　　　　文字编辑：谢晓馨　刘　璐
责任校对：刘　一　　　　　装帧设计：梧桐影

出版发行：化学工业出版社
　　　　　（北京市东城区青年湖南街13号　邮政编码100011）
印　　装：中煤（北京）印务有限公司
787mm×1092mm　1/16　印张9¾　字数196千字
2024年8月北京第1版第1次印刷

购书咨询：010-64518888　　　　售后服务：010-64518899
网　　址：http://www.cip.com.cn
凡购买本书，如有缺损质量问题，本社销售中心负责调换。

定　　价：59.80元　　　　　　　　版权所有　违者必究

当前，随着数字技术的飞速发展，全球影视行业市场规模持续扩大，国内的影视产业也在快速崛起。影视后期制作是影视产业中必不可少的一环。从产业对人才的要求来看，掌握一定的特效制作技术是影视后期制作者入行的必备技能。After Effects（AE）是一款在国际上普遍使用的视频动画与影视特效处理软件。其功能强大，易学易用，深受影视后期与特效合成制作行业人士认可，目前已广泛应用于国产电影、电视剧、广告片、短视频等的后期制作，并将有更宽广的发展空间，可谓当前影视领域的主流软件。

响应党的二十大关于"加快构建新发展格局，着力推动高质量发展""推进文化自信自强，铸就社会主义文化新辉煌"的号召，影视行业进入高质量发展阶段，产业对高素质、应用型人才的需求也日益迫切。影视后期制作人才不仅要掌握必备的软件技术，更为重要的是要提升综合素养，自觉地将技术应用与优秀文化创造性转化、创新性发展相结合。基于这样的人才培养需求，我们以江西省一流本科课程建设为契机，组织编写了本书。本书具体内容特点和功能如下。

第一，立足于学生综合素质的提升。以社会主义核心价值观为引领，充分体现时代性、创造性，有机融入中华优秀传统文化，如传统节日、地方文化、水墨画等，引导学习者树立文化自信，以中华文化为原动力进行作品创作。

第二，适用于应用型人才培养。分阶段、分步骤、递进式、引导式讲授影视后期特效制作全流程必备的知识技能。突出实用性、应用性，设置67个典型操作案例，分步解析，真正实现"教、学、做"一体化。

第三，体例明晰，便于教学。各章开头设置知识目标、能力目标、素质目标、学习重点、学习难点，课后设置训练实践，帮助学习者梳理学习目标，巩固知识与技能，提高学习效率，强化学习效果。

第四，设置典型案例，具有可操作性。书中在每个重要知识点后面设置了"操作实战""综合操作实战"部分，纸数同步，给出具体操作步骤、操作视频、源文件、素材，便于学生跟随学习。

第五，配套资源丰富，方便获取。全书配套34个视频资源，扫描书中二维码可随时随地在手机端学习。附赠45个案例源文件、36个案例素材，可登录化学工业出版社官网，搜索本书书名免费下载。另外，本书配套完整课件、教学大纲，教师登录化工教育网，注册后可以下载使用。

本书由肖名希任主编，谢远欣、刘晶任副主编，李翔参编。在编写过程中，月婷、温必莹同学进行了前期资料整理与后期文字梳理，胡元济老师以及张金辉、李印壮、卢茜同学提供了案例相关素材。本书的出版得到了赣南师范大学教材建设基金资助。在此致以诚挚感谢！

由于时间、精力有限，书中难免有疏漏之处，敬请广大读者批评指正，以便今后对本书进行修订与完善。

编者

2024年3月

目 录

第 1 章 | After Effects 基础知识

知识目标 ◉ 熟悉After Effects 2023的安装事项、工作界面、基本工作流程，了解渲染和输出的设置方法。

能力目标 ◉ 具备使用与管理After Effects 2023中素材的基本工作能力，掌握工作流程以提高工作效率。

素质目标 ◉ 通过我国传统节日案例实战，进一步了解中华优秀传统文化，增强民族自豪感，树立民族文化自信。

学习重点 ◉ 掌握After Effects 2023的工作流程。

学习难点 ◉ 熟练掌握After Effects的基本操作命令。

After Effects（缩写AE）是一款用于高端视频编辑系统的专业非线性编辑软件，擅长影视领域的后期合成制作，已经广泛应用于国产电影、电视剧、广告片等的后期制作中。而新兴的多媒体和互联网也为AE提供了宽广的发展空间，使其成为影视领域的主流软件。

AE还保留着Adobe软件优秀的兼容性。Photoshop（缩写PS）中层概念的引入，使AE可以对多层的合成图像进行控制，制作出天衣无缝的合成效果。在AE中可以非常方便地调入Photoshop和Illustrator的层文件，Premiere的项目文件也可以近乎完美地切换。AE带来了前所未有的卓越功能，在影像合成、动画制作、视觉效果设计、非线性编辑、动画样稿设计、多媒体和网页动画制作方面都有其发挥余地。关键帧、路径概念的引入，使AE对于控制高级的二维动画如鱼得水，高效的视频处理系统确保了高质量的视频输出。

1.1　AE 2023安装

1.1.1　安装要求

（1）Windows系统要求（表1-1）

表1-1　Windows系统安装要求

项目	最低规格	推荐规范
处理器	Intel或AMD四核处理器	建议配备8核或以上处理器，以用于多帧渲染

续表

项目	最低规格	推荐规范
操作系统	Microsoft Windows 10（64位）或更高版本	Microsoft Windows 10（64位）V20H2或更高版本
RAM	16GB RAM	建议使用32GB
CPU	2GB GPU VRAM （注意：对于带有NVIDIA GPU的系统，Windows 11需要使用NVIDIA 驱动程序版本472.12或更高版本）	建议使用4GB或更多GPU VRAM
硬盘空间	15GB可用硬盘空间，安装过程中需要额外可用空间（无法安装在可移动闪存设备上）	用于磁盘缓存的额外磁盘空间（建议64GB以上）
显示器分辨率	1980px×1080px	1980px×1080px或更高的显示器分辨率
Internet	必须具备Internet连接条件并完成注册，才能激活软件、验证订阅和访问在线服务	

（2）macOS系统要求（表1-2）

表1-2　macOS系统安装要求

项目	最低规格	推荐规范
处理器	支持Intel、原生Apple Silicon、Rosetta2的四核处理器	8核或以上处理器，用于多帧渲染
操作系统	macOS Big Sur 11.0或更高版本	macOS Monterey 12.0或更高版本
RAM	16GB RAM	32GB
CPU	2GB GPU VRAM（Draft 3D需要与Apple Metal 2兼容的独立GPU）	4GB GPU VRAM
硬盘空间	15GB可用硬盘空间用于安装，安装过程中需要额外的可用空间（不能安装在使用区分大小写的文件系统的卷上或可移动闪存设备上）	用于磁盘缓存的额外磁盘空间64GB +
显示器分辨率	1440px×900px	1440px×900px或更高的显示分辨率
Internet	必须具备Internet连接条件并完成注册，才能激活软件、验证订阅和访问在线服务	

1.1.2　安装的文件和文件夹

AE按默认位置安装后，从维护和自定义的角度，可以对其各种功能的文件和文件位置适当做些了解。但在没有指导的情况下，不要轻易更改文件和文件夹，以免破坏软件的运行。

应用软件的主体文件安装位置为C:\Program FilesIAdobe\Adobe AE 2023\Suppor Files，执行的应用程序为其下的"AfterFX.exe"文件，预设文件在其下的"Presets"文件夹下，脚本文件在其下的"Scripts"文件夹下。

安装的插件文件主要在其下的"Plug-ins"文件夹下，部分Adobe软件相关插件可以放在C:\Program Files\Adobe\Common\Plug-ins文件夹下，语言版本文件为其下的"AMT"文件夹下的"application.xml"文件。

Windows系统"开始"菜单中，AE快捷方式的文件位置为C:\ProgramData\Microsoft\Windows\Start Menu\Programs。

系统和软件的运行需要有足够的空间，将安装的应用软件放在系统盘，平时制作的素材和项目文件等应该放在其他盘。Windows系统在文件资源管理器下，推荐显示文件的扩展名称。如果没有显示出来，可以选择资源管理器的"查看"→"选项"菜单，在"高级设置"下展开"文件和文件夹"，找到"隐藏已知文件类型的扩展名"这一项并取消勾选，确定后关闭设置，这样在资源管理器中就可以显示出文件的扩展名称了。

1.1.3 语言版本的切换

初学者在AE的学习和使用上，常会遇到的一个重要问题就是语言版本问题。学习AE的方式很多，如图书、各种网络平台的视频教程、线上和线下课程等，其中视频教程和模板资源中有约80%都是英文版本的资源，使用英文版本的软件参考对照会更加方便。另外，制作中的部分表达式使用英文版本编辑更加便捷，更换中文版本后，打开时会出现部分表达式不能自动正确转换的现象。所以推荐初学者尽量使用英文版本，便于后期深入学习软件。

AE语言版本的切换方法有两种。一种方法是打开Adobe Creative Cloud程序，联网并使用Adobe ID登录，像安装时一样在Adobe Creative Cloud菜单的"首选项"中切换需要的语言。另一种方法是修改安装文件中的语言设置文件，实现中英文的切换。这里使用修改文件的方法，通过简单的自定义即可实现同时使用中文版软件和英文版软件，从而满足不同的需求。

1.1.4 修改语言版本文件

在Windows"开始"菜单的"Windows附件"下显示出"记事本"，也可以在桌面上创建其快捷方式。不要直接选择"打开"，因为直接打开这个文本，修改后将不能按原文件保存。这里采用的方法是在其上单击鼠标右键，选择弹出菜单下的"以管理员身份运行"（图1-1），在提示"你要允许此应用程序对你的设备更改吗"时，单击"是"按钮，打开"记事本"。

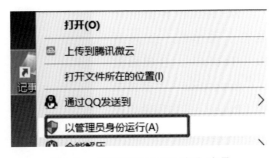

图1-1 "以管理员身份运行"选项

◄ 操作实战1: 中文版改成英文版

①在"记事本"中选择菜单"文件"→"打开"，找到C:\Program Files\Adobe\Adobe AE 2023\Support Files\AMT文件夹，文件类型选择为"所有文件"，显示出语言版本文件"application.xml"后，选择并打开（图1-2）。

②选择菜单"编辑"→"查找"，在"查找内容"后输入"installedLanguages"，先找到文本的位置，在其后的"zh_CN"文本后增加带半角逗号的"，en_US"文本，保存后关闭文本，如图1-3所示。

图1-2 "AMT"文件夹

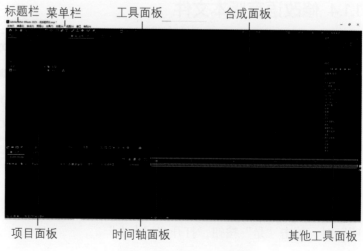

图1-3 打开"记事本"

1.2 AE 2023基础操作

1.2.1 认识工作界面

AE的工作界面由标题栏、菜单栏、工具面板（Tools）、合成面板（Composition）、项目面板（Project）、时间轴面板（Timeline）以及其他工具面板组成（图1-4）。

菜单栏： 在AE中，根据功能和使用目的，将菜单栏分为9个大类，每个主

标题栏 菜单栏　　　工具面板　　　　　合成面板

项目面板　　　　时间轴面板　　　　　其他工具面板

图1-4 AE 2023工作界面

菜单下面包括多个子菜单或软件命令（图1-5）。

Ae Adobe After Effects 2023 - 无标题项目.aep

文件(F)　编辑(E)　合成(C)　图层(L)　效果(T)　动画(A)　视图(V)　窗口　帮助(H)

图1-5　菜单栏

工具面板： 工具面板中包括了经常使用的工具。许多工具按钮不是单独的按钮，如果在工具右下角出现三角标记，则说明该按钮下还隐藏了其他的工具按钮，只要按下鼠标左键不放，就可以将其显示出来（图1-6）。

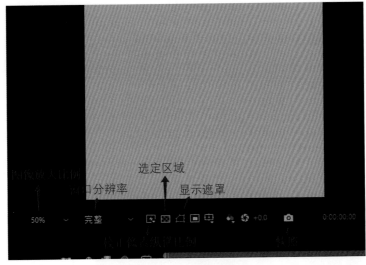

图1-6　工具面板

合成面板： 合成面板主要用于对视频进行可视化编辑。用户对影片做的所有修改，都将在该面板显示出来。合成面板显示的内容是最终渲染效果，也是最主要的参考。用户可以直接在合成面板使用工具面板的工具在素材上进行修改，实时显示修改的效果（图1-7）。

图1-7　合成面板

项目面板： 项目面板是素材文件的管理器，所有用于合成图像的素材都要先导入项目面板。用户可以通过项目面板对导入素材进行分类，方便查找和提高效率。用原始尺寸单独观察或播放某个素材，可以在项目面板双击该素材来播放素材的内容。进行编辑操作之前，要先将需要的素材导入该面板，双击项目面板的空白区域可以导入素材，也可以直接从资源管理器里拖曳进来（图1-8）。

效果和预设面板：用于存放AE中的所有特效命令，包括安装的第三方特效插件。应用效果时，可以选择要应用效果的层，然后在效果和预设面板或"效果"菜单中选择相应的效果即可（图1-9）。

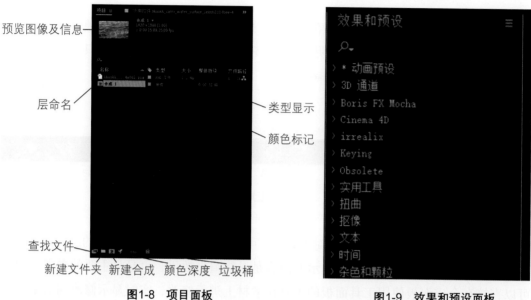

预览图像及信息——

层命名——

——类型显示

——颜色标记

查找文件——

新建文件夹　新建合成　颜色深度　垃圾桶

图1-8　项目面板　　　　　　　　　　　　图1-9　效果和预设面板

时间轴面板：用户可以在时间轴面板组装和编辑影像文件，这是影视特效合成的主要面板，可以在这里安排层的上下及前后关系，定义层的属性动画及添加各种效果。时间轴面板也是进行后期特效和动画制作的主要面板，主要用于管理层的顺序和设置关键帧（图1-10）。

根据操作需求可调整面板大小。将光标放置在两个相邻面板或群组面板之间的边界上，当光标变成分隔形状时，拖曳光标就可以调整相邻面板之间的尺寸（图1-11）。

AE工作界面由多个面板构成，用户可以根据个人喜好和操作习惯对面板的位置进行调整。

图1-10　时间轴面板　　　　　　　　　图1-11　调整面板

1.2.2 认识操作界面

AE的界面很灵活，同时提供了9种界面布局方案，用户可以在工具面板右侧的下拉菜单中直接调用。另外，用户还可以根据需求自定义工作界面，并且可以保存或删除自定义界面布局。

操作实战2： 自定义工作区

①调整好界面布局，如图1-12显示三个主要版面。

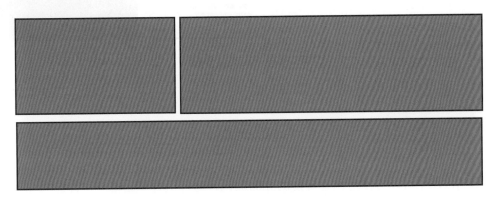

图1-12 界面布局

②选择菜单，执行"窗口"→"工作区→"另存为新工作区"，给新建工作区命名后单击"确定"按钮。把自定义工作区添加到菜单中，方便随时使用（图1-13）。

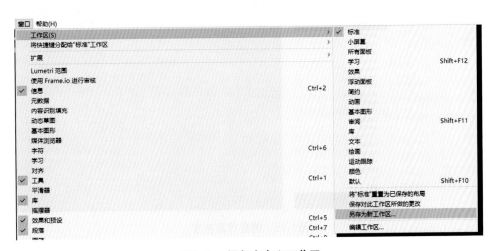

图1-13 添加自定义工作区

③自定义好工作界面后，执行"窗口"→"工作区"→"编辑工作区"菜单命令，然后在"编辑工作区"对话框中输入工作区名称，接着单击"确定"按钮即可保存当前工作区（图1-14）。

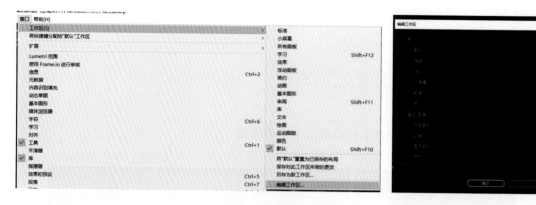

图1-14　保存新工作区

操作实战3： 调整用户界面亮度

用户在AE中可以方便地调整喜爱的界面颜色，通过执行"编辑→"首选项"菜单命令，可以打开"首选项"面板。然后在"首选项"面板的左侧列表中选择"外观"选项，在右侧调节"亮度"滑块，可以改变界面的亮度（图1-15）。

图1-15　调整界面亮度

AE 2023基本工作流程

不同于Photoshop等软件打开图形素材就可以进行制作处理，AE有一套独特的工作流程。无论使用AE制作动画，创建复杂运动图形，还是合成真实的视觉效果，通常都需要遵循相同的基本工作流程，只不过有些步骤可以重复或跳过。工作流程分为以下几个步骤。

①导入和组织素材。创建项目，将视频、音频、图片等素材导入"项目"面板。素材较多时，可在"项目"面板分类管理。通常AE可自动解释许多常用媒体格式，如果有与制作目标不一致的规格，例如每秒刷新帧数的帧速率、画面像素长和宽比例的像素比等，也可以手动更改以符合要求。

②创建合成，在合成中添加素材图层或新建参与制作的内容层。创建用于制作的合成，将"项目"面板的视频、音频、图片等素材添加到合成"时间轴"面板，以多层叠加的方式进行合成制作，所有画面的动画和效果制作都在合成中完成。合成可以有嵌套关系，每个合成都可以视需要最终输出为一段影片。除了使用素材图层，还可以在"时间轴"的某个"合成"面板以图层的形式放置素材，进行二维或三维的叠加合成。可以使用蒙版、混合模式和抠像工具等手段将多个图层叠加合成到一个画面中；还可以在"时间轴"面板新建参与合成制作的多种功能图层，如纯色层、形状层、摄像机层、灯光层等。

③修改图层属性和为其制作动画。在"合成"面板放置图层后，可以根据需要修改图层的属性，例如大小、位置、旋转和不透明度。可以使用关键帧和表达式使图层属性的任意组合随着时间的推移而发生变化，为某个图层与视频画面中的动态内容添加跟踪元素等。

④添加和设置效果。通过设置图层属性，添加关键帧和表达式等方法来制作动画。可以为素材层添加一个或多个效果，改变图层的画面外观或声音，也可以使用效果生成视觉元素来添加和设置效果。可以为某个图层添加一个效果或多个效果组合，也可以同时为多个图层添加效果或效果组合，还可以创建并保存自己的动画预设，产生无限创意的视觉表达方式。

⑤预览。在动态效果的制作中，需要随时查看和调试动态效果。制作中需要用计算机进行运算反馈，合成效果的刷新显示有一定的延迟。可以通过指定预览的分辨率和帧速率，以及限制预览的合成区域和持续时间，来提高预览的速度。

⑥保存项目和输出成品。在制作中需要及时保存项目，整个制作项目的保存不仅需要保存项目文件，还需要保留使用到的素材文件。可以将一个或多个合成添加到渲染队列中，选择需要的品质，指定使用的格式，然后渲染创建影片。

以上为AE的基本工作流程，有时也可以重复或跳过一些步骤。例如，当不使用素材而完全在AE中创建图形元素动画时，可以跳过导入素材的步骤。

综合操作实战： 制作电子相册

本案例使用绘本素材图片制作电子相册，并加入音乐。

本案例素材位置：出版社官网/搜本书书名/资源下载/第1章/1.3综合操作实战。

①打开AE软件，创建一个新的合成。设置合成分辨率1280px × 720px，帧速率25帧/秒，持续时间为8秒（图1-16）。导入素材图片、音乐到AE项目中（图1-17）。

图1-16 新建合成　　　　　　　　　　　图1-17 导入素材图片、音乐

②把图片"海报"拖到命名为"电子相册"的"时间轴"面板合成中（图1-18）。在图层上点击鼠标右键，选择"变换"→"适合复合宽度"，将素材宽度与合成的宽度对齐（图1-19），调整图片位置。

图1-18 将"海报"放入"时间轴"面板　　　图1-19 调整"适合复合宽度"

③将第二张图片"草地"拖动到合成里面，用同样方式把"草地"图层的宽度与合成的宽度对齐（图1-20）。拖动时间轴到第1秒处，按快捷键Ctrl + Shift + D拆分图层（图

1-21），把前面的图层删除。

图1-20　调整"草地"图层到"适合复合宽度"

图1-21　拆分图层

④用同样方式制作其他图片素材，按照想要的顺序排列，然后添加音乐（图1-22）。

⑤完成后，点击"合成"→"添加渲染队列"，导出"电子相册"视频，可以保存为MP4格式（图1-23）或者其他常用视频格式。

图1-22　依次排列图片素材和音乐

图1-23　输出MP4格式

素材的使用与管理

素材是AE的基本构成元素，在AE中可导入的素材包括动态视频、静帧图像、静帧图像序列、音频文件、Photoshop分层文件、Illustrator文件、AE工程中的其他合成、Premiere工程文件以及Animate输出的SWF文件等。AE支持主流的用于制作的大多数视频、音频和图像文件格式，在"导入文件"面板的文件格式下拉选项中可以看到其支持的众多文件格式。

1.4.1 使用多种方式导入素材

①使用导入菜单命令。可以选择"文件"→"导入"→"文件"命令，打开"导入文

件"面板，然后选择文件将其导入。

②使用双击"项目"面板空白处的方法也可以打开导入文件。在"项目"面板空白处单击鼠标右键，选择"导入"→"文件"命令。对于近期曾导入过的素材，还可以选择菜单"文件"→"导入最近的素材"命令导入，或者在"项目"面板空白处单击鼠标右键，选择"导入最近的素材"命令，并在其下级选择已存在的素材名称导入。

③按快捷键Ctrl + I，可以快速打开"导入文件"面板。

④从软件外部也可以直接将素材拖入AE软件中，例如从Windows的资源管理器中将选择的素材文件用鼠标直接拖至AE的"项目"面板。

⑤单击菜单"文件"→"导入"→"多个文件"（快捷键Ctrl + Alt + I）可以在不同文件夹中选择要导入的文件，单击"导入"按钮将素材添加到"项目"面板。同时"导入文件"面板保持打开状态，可以继续从不同文件夹中选择素材文件，继续导入，直到单击"完成"按钮，关闭当前"导入文件"面板。

⑥在打开的"导入文件"面板中选择文件夹后，可以单击"导入文件夹"，将文件夹及其中的素材全部导入"项目"面板。

‹ 操作实战4： 导入图像序列

序列文件由若干张按序排列的图片组成，用于记录活动影像，每张图片代表一帧。通常可以在动画、特效合成或者编辑软件中生成序列文件，然后调入AE中使用。

①在"导入文件"面板中打开文件夹，其中包含从"eye001.jpg"至"eye100.jpg"的100张图像，只要选择"eye001.jpg"并勾选"ImporterJPEG序列"选项，单击"导入"按钮，即可把100张图像按顺序以动态视频的序列图像形式导入"项目"面板中（图1-24）。如果不勾选"ImporterJPEG序列"选项，导入的是一张普通的静止图像。

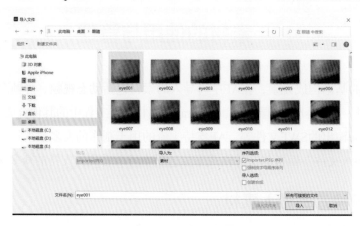

图1-24　导入序列帧

②在导入图像序列时，"首选项"中的设置将影响默认图像序列的帧速率。图像序列按软件默认设置导入后，帧速率为30帧/秒，即1秒播放30帧的画面（图1-25）。这里选择菜单"编辑"→"首选项"→"导入"，将序列素材设为25帧/秒（图1-26）。确定后，重新导入这个图像序列，其帧速率变为25帧/秒，播放时长为4秒（图1-27）。

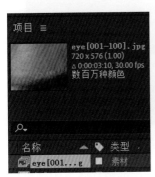

图1-25　素材帧速率为

30帧／秒

图1-26　设置序列素材

图1-27　帧速率改为

25帧／秒

1.4.2　导入不同格式的素材

AE支持大多数视频、音频和图像文件格式，在"导入文件"面板的文件格式下拉选项中可以看到所支持的各种文件格式。能导入AE中的常见图片格式有AI、EPS、PSD、PDF、BMP、TIF、TGA等；常见音频格式有AAC、AU、AIFF、WAV、MP3等；常见视频格式有MOV、AVI、MPG、PNG，或TGA图片序列格式、MPEG-2、Windows Media。目前MOV格式是很常见的视频格式，如果无法导入MOV格式，电脑安装Quicktime播放器会有对应的解码器，就可以导入MOV格式。

> **操作实战5：　导入PSD分层图**

本案例将导入PSD格式的分层图像。分层图像为一种包含多个图层、方便设计制作的文件格式，AE合成制作中常用的有Photoshop软件的PSD图像格式和Illustrator软件的AI矢量图形格式等。AE可导入Photoshop文件的图层属性，包括位置、混合模式、不透明度、Alpha通道、图层蒙版、图层组（导入为嵌套合成）、调整图层、图层样式、图层剪切路径、矢量蒙版、图像参考线以及裁切组等。具体导入方式如下。

①当"导入种类"选择为"素材"时，其下又有两种"图层选项"：一种为"合并的图层"，即将分层图像合并，按普通的图像导入；另一种为"选择图层"，即从中选择某一图层导入（图1-28）。

②当"导入种类"选择为"素材"时，按"素材尺寸"→"图层大小"保留图像中的各个分层，将其按统一的文件大小导入"项目"面板（图1-29）。

图1-28　选择图层导入

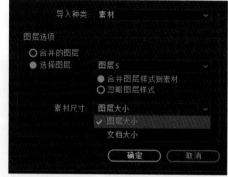

图1-29　设置素材尺寸

③当"导入种类"选择为"合成"→"可编辑的图层样式"时，根据合成大小调整尺寸（图1-30）。当选择"合成"→"保持图层大小"时，保留图像中的各个分层，将其按各层中内容实际大小导入"项目"面板中（图1-31）。

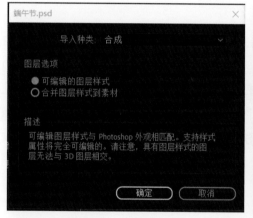

图1-30　可编辑合成

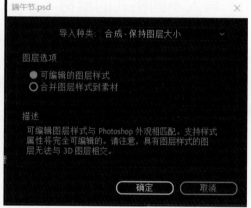

图1-31　合成"保持图层大小"

1.4.3　新建合成

合成是一个影片的框架，无论影片长短，都必须有一个框架，然后才能添加素材。每一个框架就是一个合成，每一个合成都有自己的"时间轴"面板。有"时间轴"面板，就可以对素材进行任何操作，如制作动画或添加特效等。没有建立合成时，下面的"时间轴"面板不可操作。建立合成后，"时间轴"面板就会被激活，即可操作。

用AE进行合成，对素材进行编辑。把导入的素材拉到合成里，则这个素材就转化为图层。创建合成的方法主要有以下三种。第一种，执行"合成"→"新建合成"菜单命令。第二种，在"项目"面板单击"新建合成"按钮。第三种，按快捷键Ctrl＋N。创建合成时，AE会打开"合成设置"对话框，默认"合成设置"显示"基本"参数设置（图1-32）。

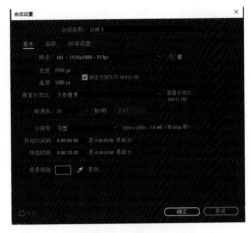

图1-32　创建合成

合成名称：设置创建的合成的名称，进行命名以方便项目制作的管理。

预设：选择预设的影片类型，用户也可以通过"自定义"选项来自行设置影片类型。预置里包含很多电视制式。电视制式分为NTSC制式、PAL制式和SECAM制式三种。

NTSC制式的特点是彩色电视和黑白电视相互兼容，但是存在相位失真、色彩不稳定的缺点。NTSC制式电视的供电率为60Hz，场频为60场/秒，帧速率为30帧/秒。使用该制式的有美国、日本、韩国等国家。

PAL制式克服了NTSC制式相位敏感造成色彩失真的缺点。PAL制式电视的供电率为50Hz，场频为50场/秒，帧速率为25帧/秒。使用该制式的有中国以及南美洲、欧洲的大部分国家。

SECAM制式也克服了NTSC制式相位敏感造成色彩失真的缺点。使用该制式的有法国以及中东地区的国家。

宽度/高度：设置合成的宽和高是视频（帧）的尺寸，单位为像素（px）。

锁定长宽比：勾选该选项时，将锁定合成尺寸的宽高比例，这样当调节"宽度"和"高度"中的某一个参数时，另外一个参数也会按照比例自动进行调整。

像素长宽比：设置单个像素的宽高比例，可以在右侧的下拉列表中选择预设的像素宽高比，用于多媒体和网络的视频应该设置方形像素。像素长宽比跟预置是相匹配的，国内的电视预置一般为PAL D1/DV，像素长宽比为"D1/DV PAL（1.09）"（图1-33）。若输出的视频要在电脑或网络上播放，则预置选择PAL D1/DV方形像素，对应的像素长宽比为方形像素。

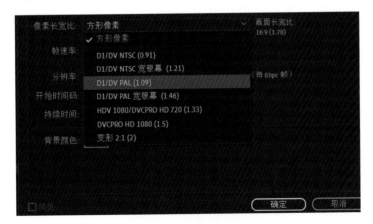

图1-33　像素长宽比

　　帧速率： 设置合成的帧速率。

　　分辨率： 设置合成的分辨率，共有4个预设选项，分别是"完整""二分之一""三分之一""四分之一"。此外，用户还可以选择"自定义"选项来自行设置合成的分辨率。

　　开始时间码： 设置合成开始的时间码，默认情况下从第0帧开始。

　　持续时间： 设置合成的总持续时间。

　　背景颜色： 设置创建的合成的背景色。

1.4.4　素材属性的修改与设置

　　AE主要进行视觉效果制作，以画面素材为主，包括视频、图像和图形文件。这些素材有众多的自身属性，制作中常涉及的素材属性有影响大小和清晰度的分辨率、影响画面变宽或变窄的像素比、影响视频播放快慢的帧速率、多层画面的分层图像等。合成制作中通常需要了解素材属性，针对不同的制作要求对素材属性进行修改与设置。

1.4.5　视频素材的帧速率设置

　　帧速率是指视频素材中每秒显示的帧数。对影片内容而言，帧速率指每秒所显示的静止帧格数，以帧/秒（f/s）为单位来表示。与帧速率对应的是合成的时基。时基是一个时间显示的基本单位，同样以帧/秒为单位来表示。如果将建立的合成看作是一个视频素材，时基就可以看作是合成的帧速率。在修改素材帧速率之前，需要先了解自己的工作环境所需的帧速率。常见的视频帧速率有24帧/秒、25帧/秒、30帧/秒和60帧/秒等。合成的时基为25帧/秒。素材可以按自身帧速率参与合成制作，但是最终输出视频的帧速率将统一为合成的25帧/秒。

> **操作实战6：** 素材帧速率的修改

　　将案例的素材导入AE"项目"面板可以更改帧速率，不按原始帧速率播放。要修改AE素材的帧速率，可以按照以下步骤进行。

　　①导入拍摄的素材，默认帧速率为30帧/秒，时长为20秒（图1-34）。

　　②右键点击素材，并选择菜单"解释素材"→"主要选项"，按快捷键Ctrl + Alt + G，打开"解释素材"对话框，设置"匹配帧速率"为25帧/秒（图1-35）。

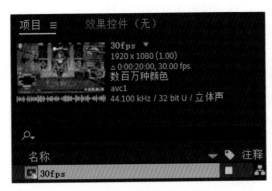

图1-34　默认帧速率　　　　　　　　　　图1-35　设置"匹配帧速率"

③为了区别之前的素材，修改帧速率后的素材需重新命名，可添加"25帧/秒"。素材帧速率降低之后，时长增加了，由20秒增加到24秒（图1-36）。

图1-36　时间增加

若原始素材帧速率不高，建议不要放慢，否则会出现卡顿和不流畅。高帧速率素材，如60帧/秒的素材降低到25帧/秒，素材可以流畅播放。在修改素材帧速率时，需要注意素材的总长度是否改变，以及音频是否同步。若存在问题，则需要进一步调整。

1.4.6　项目管理

在项目制作过程中会面对各种各样的素材，包括视频、音频、图片以及一些其他素材，如果不对这些素材加以管理，很多项目文件就会丢失。在AE中制作项目时，对导入"项目"面板的素材也要进行分类管理，放置到不同的文件夹中。

整理素材：通过执行菜单栏中的"文件"→"整理素材"命令来解决，执行后可以看到"项目"面板重复的素材都被合并整理，并且对当前的项目文件不产生影响。执行菜单栏中的"文件"→"移除未使用的素材"命令，自动移除未使用的素材。

精简项目： 将项目中指定合成中未使用的素材、合成、文件夹删除。操作时首先要选择一个合成，然后执行菜单栏中的"文件"→"精简项目"命令。

打包文件： 通过执行菜单栏中的"文件"→"打包文件"命令来解决，文件打包可以将项目中的素材、文件夹、项目文件等放到一个统一的文件夹中，保证项目及其所有素材的完整性。

1.5　渲染和输出

　　AE可以输出不同平台的文件格式，其中涵盖了专业电影、家用影碟、网络媒体、便携媒体等全方位的媒体平台。常用的图片格式有JPEG、PNG、GIF、BMP、TIF、PSD、AI、CDR等。

操作实战7：　渲染一张JPG格式的静帧图片

　　①对合成中的某一帧进行渲染输出，首先在"时间轴"面板定位到要渲染的单帧处，执行菜单栏中的"合成"→"帧另存为"→"文件"命令（图1-37），在"渲染队列"面板添加一个渲染任务，再点击"输出模块设置"面板中的"JPEG序列"（图1-38）。

图1-37　渲染单帧

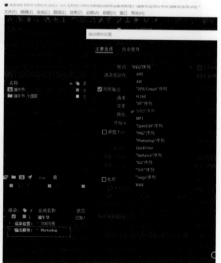

图1-38　选择"JPEG序列"

②"输出模块设置"面板中"格式"为"JPEG序列"，点击"使用合成帧编号"前面的方块，去掉默认的勾选（图1-39）。渲染出"时间轴"面板定位的一帧JPG图片（图1-40）。

图1-39　去掉默认的勾选

图1-40　渲染定位帧

操作实战8：　渲染序列图片

如果在AE中渲染输出的不是整个项目的最后一道工序，而是中间步骤，还需要在其他软件中进行处理，那么可以考虑输出为序列文件。

①执行菜单栏中的"合成"→"添加到渲染队列"（快捷键Ctrl + M）（图1-41）。

②在"输出模块设置"面板选择带"序列"（如PNG序列）后缀的格式，默认勾选"使用合成帧编号"（图1-42）。

图1-41　添加到渲染队列

图1-42　勾选"使用合成帧编号"

操作实战9：　渲染PSD序列格式文件和单帧图片

①执行菜单栏中的"合成"→"添加到渲染队列"，在"输出模块设置"面板中选择

带"Photoshop序列"的格式（图1-43），渲染输出序列文件（图1-44）。

图1-43 选择"Photoshop序列"

图1-44 输出序列文件

②对合成中的某一帧进行渲染输出。首先在"时间轴"面板定位到要渲染的单帧处，执行菜单栏中的"合成"→"帧另存为"→"Photoshop图层"，在"渲染队列"面板添加一个渲染任务（图1-45）。渲染出"时间轴"面板定位的一帧PSD文件，PSD文件保留AE相同图层。

图1-45 单帧PSD文件

操作实战10： 渲染GIF格式

①执行菜单栏中的"合成"→"添加到Adobe Media Encoder队列"，会在ME中添加一个渲染任务（图1-46）。进入"队列"设置，将"格式"更改为"动画 GIF"格式（图1-47），选择正确的设置。

图1-46　添加ME渲染

图1-47　选择"动画 GIF"格式

②选择"GIF序列（匹配源）"后，单击"输出文件"下方的文字来设置 GIF文件的保存位置（图1-48、图1-49）。

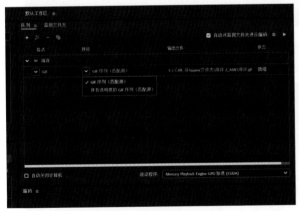

图1-48　选择"GIF序列（匹配源）"

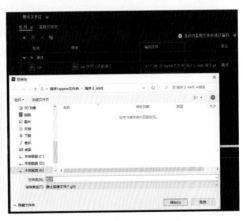

图1-49　设置保存位置

在"项目"面板选择多个合成，然后将它们添加到Adobe Media Encoder的渲染队列中，可以一次渲染多个GIF。

渲染常用的视频格式有AVI、MOV、MP4、MPEG、WMV、SWF、FLV等。AE 2023版本回归支持H.264编码，支持直接输出MP4视频。MP4是一种常见的视频文件格式，它具有广泛的兼容性和较高的压缩效率，适合在各种设备和平台上播放和共享。再加上多帧渲染的加持，性能大幅度提升，渲染更快，能够回归支持H.264编码，功能实用。

> **操作实战11:** 渲染质量较好的MP4格式视频

本案例要求输出MP4格式视频。MP4是一种数字多媒体格式,它可以存储音频、视频等不同类型的媒体文件,同时还支持流媒体和字幕等多种功能,是一种非常常见的多媒体格式。与其他常见的视频格式AVI、MOV等相比,MP4格式通常具有更小的文件大小、更好的视频质量和更强大的多媒体功能,可以使视频文件更容易在各种播放器、视频编辑软件和在线平台上使用。

①单击菜单栏中的"合成"→"添加到渲染队列"(快捷键Ctrl+C),打开"渲染队列"面板,"渲染设置"选择"最佳设置"(图1-50)。在"渲染队列"面板点击"输出模块"(图1-50红色框),打开"输出模块设置",选择"格式"为"H.264"(图1-51)。

②"格式选项"默认比特率编码是"CBR",点击选择"VBR"(图1-52)。推荐使用VBR"2次",可以用相同的码率达到更好的质量。点击"输出到"后面的文字,设置输出文件的路径和名称,点击保存后单击"渲染"(图1-50蓝色框)进行渲染。

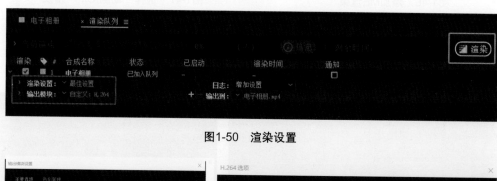

图1-50 渲染设置

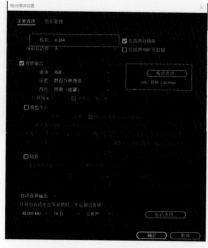

图1-51 格式选择

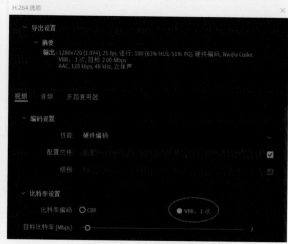

图1-52 比特率设置

VBR(Variable Bitrate)是动态比特率,即没有固定的比特率。压缩软件在压缩时根据音频数据即时确定使用何种比特率,这是以质量为前提兼顾文件大小的方式,推荐使用

VBR编码模式。CBR（Constant Bit Rate）是以恒定比特率方式进行编码，有Motion（运动）发生时，由于码率恒定，只能通过增大QP（量化参数）来减少码字大小，图像质量变差。当场景静止时，图像质量又变好，因此图像质量不稳定。相对于VBR来讲，CBR压缩出来的文件体积很大，而且音质也不会有明显的提高。

操作实战12： 渲染AVI格式视频

本案例要求输出AVI格式视频。AVI的英文全称为Audio Video Interleaved，即音频视频交错格式，是作为Windows视频软件一部分的一种多媒体容器格式。AVI格式主要用于保存电视、电影等各种影像信息，是最常用的视频格式之一，具有高度的兼容性，支持Windows、Mac、Linux、Unix等多个平台。

①单击菜单栏中的"合成"→"添加到渲染队列"（图1-53），打开"渲染队列"面板，打开"输出模块设置"，选择"格式"为"AVI"（图1-54）。

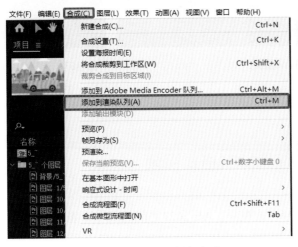

图1-53 添加到渲染队列

图1-54 选择AVI格式

②在"渲染队列"面板中点击"渲染设置"，设置为"最佳设置"。点击"输出模块"，打开"输出模块设置"后选择"AVI"格式。点击"输出到"后面的文字，设置输出文件的路径和名称，点击保存后单击"渲染"进行渲染（图1-55）。

图1-55 AVI渲染

操作实战13： 渲染MOV格式视频

本案例要求输出MOV格式视频。MOV即QuickTime影片格式，它是Apple公司开发的一种音频、视频文件格式，用于存储常用数字媒体类型。MOV格式采用了高级编解码技术，所以视频的质量非常高。它是一种非常灵活的格式，支持多种编解码器和多种音频和视频轨道，因此广泛应用于数字录像、编辑和播放等方面。

①单击菜单栏中的"合成"→"添加到渲染队列"，打开"渲染队列"面板，设置"渲染设置"为"最佳设置"，设置"日志"为"增加设置"（图1-56）。

②在"渲染队列"面板点击"输出模块"，打开"输出模块设置"后选择"QuickTime"格式（图1-57）。点击"输出到"后面的文字，设置输出文件的路径和名称，点击保存后单击"渲染"（图1-56蓝色框）进行渲染。

图1-56　QuickTime渲染

图1-57　选择Quick Time格式

操作实战14： 在ME中渲染MP4格式视频

本案例要求使用ME插件来渲染MP4格式视频。AE 2023之前的版本不能直接输出MP4格式，所以需要通过ME插件来渲染。MP4格式采用了H.264和H.265等高效的视频压缩算法，可以在保证高质量播放效果的同时，压缩文件大小，从而方便网络传输和存储。

①执行菜单栏中的"合成"→"添加到Adobe Media Encoder队列"，会在ME中添加一个渲染任务（图1-58）。

图1-58　添加ME队列

②启动ME。添加一个渲染进入"队列"设置，在"格式"下拉菜单里面可以看到很多格式，选择"H.264"就可以渲染出MP4格式的视频（图1-59）。

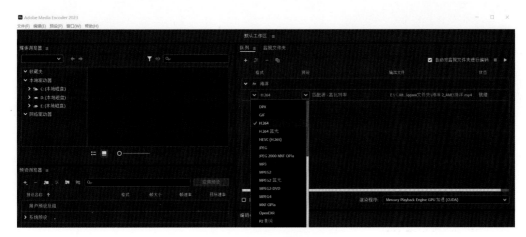

图1-59　启动ME选择H.264

③选择"匹配源-高比特率"后，通过单击"输出文件"下方的文字来选择视频文件的保存位置（图1-60、图1-61）。

图1-60　选择匹配源

图1-61　保存视频文件

在"项目"面板中选择多个合成，然后将它们添加到ME的渲染队列中，可以一次渲染多个视频文件，提高工作效率。

 **课后训练**

导入海洋环保主题视频素材，并输出MP4和MOV格式。

第**2**章 ‖ 图层的应用

知识目标 ● 熟悉AE 2023的图层功能。

能力目标 ● 具备在AE 2023合成中合理安排及运用图层功能的能力。

素质目标 ● 通过AE图层的实践学习，培养在实践操作中细致耐心、严谨认真的工作态度。

学习重点 ● 图层的基础操作。

学习难点 ● 图层各项功能和应用的设置。

2.1 认识图层

AE 2023的工作原理与Photoshop大致相同，都是通过图层与图层之间的关系来产生画面效果，如图2-1所示。

2.1.1 图层的类型

在AE 2023中主要有纯色图层（Soild）、文字层（Text）、灯光层（Light）、摄像机层（Camera）、虚拟物层（Null Object）、形状层（Shape）、调节层（Adjustment）、PS图像文件层（Adobe Photoshop File）八种图层类型。

2.1.2 图层的基本属性

锚点属性（Anchor Point）： 主要控制素材中心点，默认情况

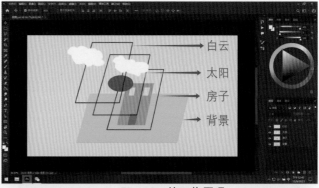

Photoshop的工作原理

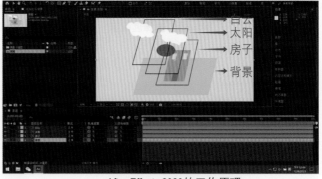

After Effects 2023的工作原理

图2-1 PS的工作原理和AE的工作原理对比

下中心点会在素材图层的中央位置，也可以配合移动中心点（快捷键Y）将图层的中心点移动到需要的位置（图2-2）。

图2-2　中心点位置变化对比

位置属性（Position）：利用位置属性命令（快捷键P），可以将树的元素图层进行上、下、左、右的位置移动动画设置（图2-3）。

图2-3　位置变化对比

缩放属性（Scale）：利用缩放属性命令（快捷键S），可以将树的元素图层进行放大或缩小的缩放动画设置（图2-4）。

图2-4　缩放大小对比

旋转属性（Rotation）： 利用旋转属性命令（快捷键R），可以将树的元素图层进行顺时针方向或者逆时针方向的旋转动画设置（图2-5）。

图2-5　旋转对比

透明度属性（Opacity）： 利用透明度属性命令（快捷键T），可以对树的元素图层进行逐渐透明化的动画设置（图2-6）。

图2-6　透明度对比

操作实战1：　为文字添加倒影效果

本案例为文字添加倒影效果，增加文字的立体空间感。为图片图层添加倒影效果也是用同样的方式，通过本案例可以举一反三。

①新建一个合成，预设尺寸为1920px×1080px，设置"持续时间"为10秒（图2-7）。

②设置一个纯色背景，即新建一个固态层，将其命名

图2-7　新建合成

为"背景"（图2-8）。

③复制背景层，将其重命名为"水平线"。选择"水平线"图层，点击"缩放"属性（或按快捷键S）改变固态层的比例。选择固态层设置，改颜色为黑色，去掉比例前的锁定，改变纵向比例，将其压成一条黑线（图2-9）。

④添加文字图层，输入文字"影视后期合成"，选择合适位置即可（图2-10）。

图2-8　设置纯色背景

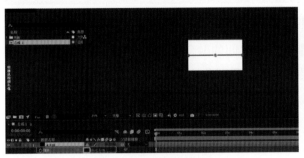

图2-9　设置黑色水平线

图2-10　添加文字图层

⑤将文字图层复制，命名为"倒影"，并按S键，将纵向设为"－100%"。按快捷键P选择"位置"属性调整位置（图2-11）。再按快捷键T选择"不透明度"属性设置透明度，效果如图2-12所示。

图2-11　调整复制图层

图2-12　调整不透明度属性

2.2　图层的混合模式

正常（Normal）： 当把"不透明度"设置为100%，此混合模式将根据Alpha通道正常显示当前层，并且此层的显示不受其他层的影响。当把"不透明度"设置为小于100%时（图2-13），当前层的每一个像素点的衍射将受到其他层的影响，根据当前的"不透明度"值和其他层的颜色来确定显示的颜色。

图2-13　正常混合模式

溶解（Dissolve）： 混合模式将控制层与层之间的融合显示，因此该模式对于有羽化边界的层会有较大的影响。如果当前层没有用遮罩羽化边界，或将该层设定为完全不透明，则该模式几乎是不起作用的。所以，该模式的最终效果将受到当前层Alpha通道的羽化程度和不透明度的影响（图2-14）。

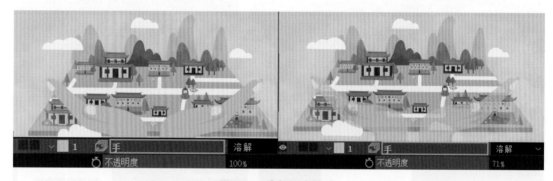

图2-14　溶解混合模式

动态溶解（Dancing Dissolve）： 该模式与溶解混合模式相同，但它对融合区域添加了随机动画（图2-15）。

图2-15　动态溶解混合模式

变暗（Darken）： 以层颜色为准，比层颜色亮的像素被替换，而比层颜色暗的像素不改变（图2-16）。

　　相乘（Multiply）：将底色与层颜色相乘，形成一种光线透过两张叠在一起的幻灯片的效果，结果呈现一种较暗的效果（图2-17）。任何颜色与黑色相乘得到黑色，与白色相乘则保持不变。

图2-16　变暗混合模式

图2-17　相乘混合模式

　　线性加深（Linear Burn）：类似于相乘混合模式，通过降低亮度，让底色变暗以反映混合色彩，和白色混合没有效果（图2-18）。

　　颜色加深（Color Burn）：使层的亮度减低，色彩加深（图2-19）。

图2-18　线性加深混合模式

图2-19　颜色加深混合模式

　　经典颜色加深（Classic Color Burn）：兼容早期版本的颜色加深混合模式（图2-20）。

　　加（Add）：将底色与层颜色相加，得到更为明亮的颜色。层颜色为纯黑色或底色为纯白色时，均不发生变化（图2-21）。

图2-20　经典颜色加深混合模式

图2-21　加混合模式

变亮（Lighten）：以层颜色为准，比层颜色暗的像素被替换，而比层颜色亮的像素不改变（图2-22）。

屏幕（Screen）：将层颜色的互补色与底色相乘，呈现出一种较亮的效果。该模式与相乘混合模式相反（图2-23）。

图2-22　变亮混合模式　　　　　　　　图2-23　屏幕混合模式

排除（Exclusion）：创建一种与Difference（差值）类似但对比度较低的效果（图2-24）。

色相（Hue）：用底色的亮度、饱和度和层颜色的色相创建结果颜色（图2-25）。

图2-24　排除混合模式　　　　　　　　图2-25　色相混合模式

饱和度（Saturation）：用底色的亮度、色相和层颜色的饱和度创建结果颜色。如果底色为灰度区域，则不会引起任何变化（图2-26）。

颜色（Color）：用底色的亮度和层颜色的饱和度、色相创建结果颜色，可以保护图像中的灰色色阶（图2-27）。

图2-26　饱和度混合模式　　　　　　　图2-27　颜色混合模式

亮度（Luminosity）：用底色的色相、饱和度和层颜色的亮度创建结果颜色，效果与颜色混合模式相反。该模式是除了正常混合模式外唯一能完全消除纹理背景干扰的模式（图2-28）。

模板Alpha：可以穿过模板层的Alpha通道显示多个层（图2-29）。

图2-28 亮度混合模式

图2-29 模板Alpha混合模式

模板亮度（Stencil Luma）：可穿过底层的像素显示多个层。使用此模式时，层中较暗的像素比较亮的像素更透明（图2-30）。

轮廓Alpha：可通过层的Alpha通道在几层间切出一个洞（图2-31）。

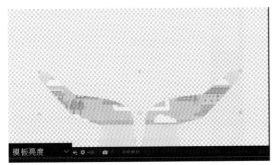

图2-30 模板亮度混合模式

图2-31 轮廓Alpha混合模式

轮廓亮度（Silhouette Luma）：可通过层上的像素的亮度在几层间切出一个洞，使用此模式时层中较亮的像素比较暗的像素透明（图2-32）。

Alpha添加：底层与上层的Alpha通道共同建立一个透明区域（图2-33）。

图2-32 轮廓亮度混合模式

图2-33 Alpha添加混合模式

冷光预乘（Luminescent Premul）：
可以将层的透明区域像素和底层作用，赋
予Alpha通道边缘透镜和光亮的效果（图
2-34）。

图2-34　冷光预乘混合模式

2.3 图层的基本操作

2.3.1 图层的复制

选择需要复制的图层，按快捷键Ctrl + C
复制图层，在想要粘贴的图层位置按快捷键
Ctrl + V，可以将图层复制出来。

2.3.2 图层的拆分

将"时间轴"上的时间滑块拖曳到想要切
割的位置，然后使用菜单命令"编辑"→"拆
分图层"，或者按快捷键Ctrl + Shift + D分割图
层命令，将图层分为两个（图2-35）。

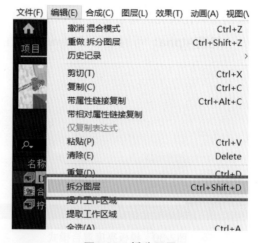

图2-35　拆分图层

2.3.3 图层的合并与解除合并

合并图层： 框选所需要的图层，按住Ctrl
键，单击需要的合并层。或按快捷键Ctrl +
Shift + C在弹出的对话框"新合成名称"中命
名，如"01合成"，点击"确定"，将图层合
并（图2-36）。

解除合并： 第一种，点击"编辑"→"撤
销预合成"，或者在"历史记录"里面，点击
"撤销预合成"，也可以直接按快捷键Ctrl + Z

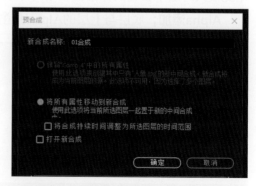

图2-36　预合成命名为"01合成"

撤销预合成，将图层还原到合并之前的样子
（图2-37）。第二种，右击"预合成"，点
击"打开"→"打开图层源"，也可以直接
双击"预合成"打开图层源；打开图层源之
后，就能看到预合成的所有图层，复制这些
图层，删除预合成，把复制的图层粘贴到合
成里面即可。

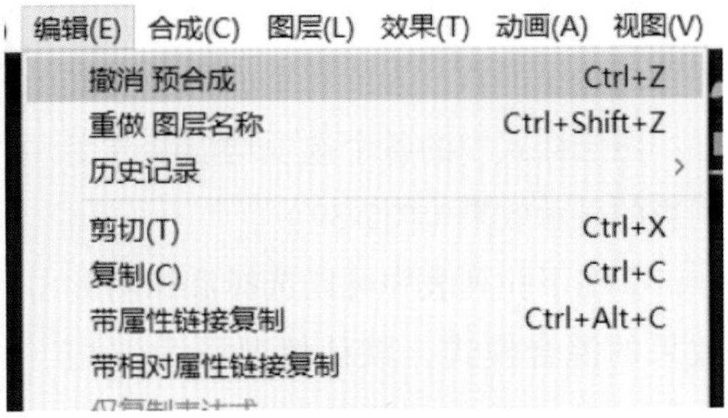

编辑(E) 合成(C) 图层(L) 效果(T) 动画(A) 视图(V)

撤消 预合成	Ctrl+Z
重做 图层名称	Ctrl+Shift+Z
历史记录	>
剪切(T)	Ctrl+X
复制(C)	Ctrl+C
带属性链接复制	Ctrl+Alt+C
带相对属性链接复制	

图2-37　撤销预合成

解除合成后，合成层中的所有效果都将
失效，需要重新添加。如果合成层中包含多个图层，解除合成后需要重新调整它们的顺序
和位置。解除合成前最好备份源文件，以免出现不可预知的问题。

2.3.4　图层的对齐

可以单击"窗口"→"对齐"菜单命令显示"对齐"面板。在"时间轴"面板中，将
素材精确地放到某个时间处，一般是用素材的入点进行时间对位。按住Shift键，在"时间
轴"面板中拖曳层进行移动，层的起点和当前时间标志会与另一层的入点和出点对齐。按
住快捷键Ctrl + G将弹出对话框，输入时间数值就可精确对位。

2.3.5　图层的样式

图层的样式为图层图像提供了添加效果的功能，使用该功能可以按照图层的形状添加
一些效果，比如投影、外发光、浮雕等。

‹ 操作实战2：　使用图层样式为熊猫添加阴影

本案例使用图层样式为熊猫添加阴影。
阴影可以增加图片的立体感和空间感。

本案例素材位置：出版社官网/搜本书
书名/资源下载/第2章/操作实战2。

①在"时间轴"面板右键点击图层，选
择"图层"→"图层样式"→"全部显示"
命令，在熊猫图层中显示所有的图层样式
（图2-38）。

图2-38　打开图层样式

②阴影图层样式可以按照该图层中图像的边缘形状，为图像添加阴影的效果。图层样式中的各个选项均能够改变阴影的显示效果（图2-39）。

③在下拉列表中可以选择添加阴影效果的混合模式，默认情况下为"相乘"选项。单击"颜色"按钮，在弹出的颜色对话框中可以选择黑色阴影颜色。也可以单击右侧的"吸管工具"按钮，在屏幕中选择相应的颜色。

图2-39　添加阴影

④通过设置"距离"选项，可以定义图像和阴影之间的距离。数值越大，图像和阴影的距离越大，反之越小（图2-40）。

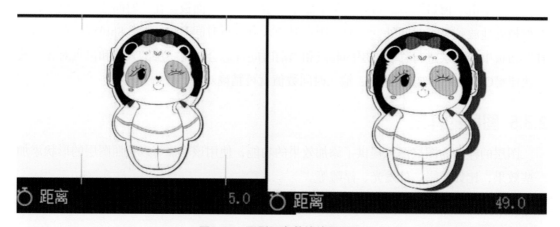

图2-40　阴影距离数值效果对比

⑤可以定义阴影边缘的羽化程度，数值越大，羽化程度越低（图2-41）。设置"杂波"选项，可以在阴影部分添加杂色效果，数值越大，效果越明显（图2-42）。

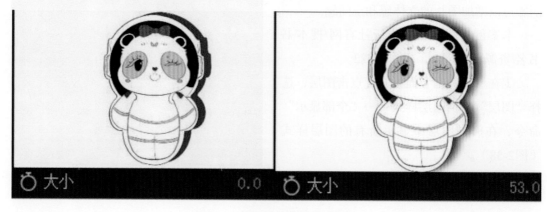

图2-41　阴影羽化数值效果对比

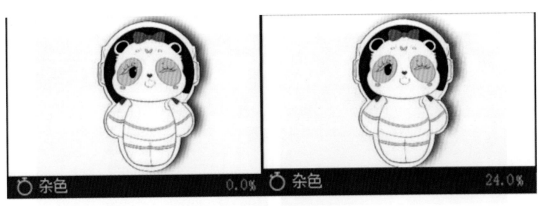

图2-42　阴影杂色数值效果对比

　　添加图层样式后，如果效果不好，可以右键点击图层，选择"图层"→"图层样式"→"全部移除"，将选中的图层中的所有图层样式删除（图2-43）。

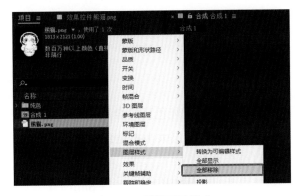

图2-43　删除图层样式

2.4　图层的时间控制

　　图层时间控制是一种很实用的操作，一般通过时间拉伸与压缩来调整视频图层的播放速度，使其加快或减慢。选择目标图层，使用快捷键Ctrl + Alt配合拖动图层右边缘，可以拉伸或压缩该图层的时间。通过右键单击目标图层，在菜单中选择"时间"选项，然后再选择"反向"，可以实现动画或图层时间的反向播放效果。

操作实战3：　加快图层视频的速度

　　右键点击视频图层，选择"时间"→"时间伸缩"。将"拉伸因数"改为"50"，则速度变为原来的一倍，所需要的时间变为原先的一半（图2-44）。注意：变慢操作会使画质大大受损。

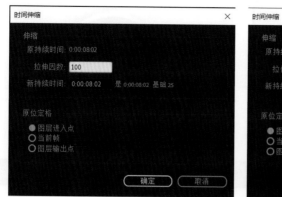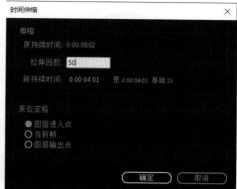

图2-44 调整拉伸因数

2.5 纯色图层

选择需要创建纯色层的合成，按快捷键Ctrl + Y。接着会弹出纯色层创建对话框，需要注意，如果纯色层大小不是合成大小，点击下方的制作合成大小即可。纯色层创建后自动会以颜色命名，并且会在"项目"面板中生成一个纯色文件夹。需要修改纯色层大小、颜色等参数时，使用快捷键Ctrl + Shift + Y。

操作实战4: 制作彩色背景图层

本案例通过添加多个不同颜色的纯色背景图层，给熊猫宇航员制作彩色背景。

本案例素材位置：出版社官网/搜本书书名/资源下载/第2章/操作实战4。

①新建合成，设置合成分辨率为1920px×1080px，帧速率为25帧/秒，持续时间为10秒，单击"确定"按钮，导入PNG格式无背景的熊猫宇航员素材（图2-45）。

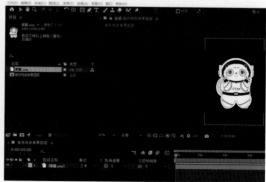

图2-45 新建合成导入素材

②选择"图层"→"新建"→"纯色"（快捷键Ctrl＋Y），建立一个纯色图层做背景（图2-46）。默认纯色设置为黑色（图2-47），且纯色图层大小与合成分辨率大小一致。

③点击默认黑色色块，颜色改为红色（图2-48）。

图2-46　新建纯色背景

图2-47　新建纯色图层

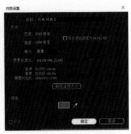

图2-48　改纯色

图层为红色

④点击红色图层右边边缘，根据蓝色箭头方向拖动并改变宽度（图2-49）。

图2-49　改变背景宽度

⑤用同样的方式新建不同颜色的纯色图层，形成彩色渐变背景（图2-50）。

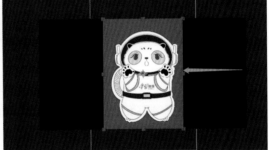

图2-50　制作彩色背景

 课后训练

熟练使用图层叠加模式。

第**3**章 | 关键帧动画

知识目标 ● 熟悉动画关键帧的概念，熟练掌握位置、旋转和缩放属性的关键帧动画制作。

能力目标 ● 掌握添加、设置关键帧的方法，具备灵活运用关键帧的操作能力。

素质目标 ● 通过AE关键帧操作实践，能够以动画创作的方式传承中华民族文化，宣传绿色发展理念。

学习重点 ● 关键帧动画的设置。

学习难点 ● 关键帧的各种使用方法。

3.1 关键帧的基本操作

影视动画软件的关键就是基于时间的二维关键帧变换动画。要想实现动画效果，至少需要两个关键帧。AE将自动在关键帧之间插值，以使动画过程平滑连续。

3.1.1 关键帧的原理

关键帧的概念来源于传统的卡通动画。在早期的迪士尼工作室中，动画设计师负责设计卡通片中的关键帧画面，即关键帧，然后由动画设计师助理来完成中间帧的制作。

AE可以依据前后两个关键帧来识别动画的起始和结束状态，并自动计算中间的动画过程，从而产生视觉动画。AE的关键帧动画中，至少需要有两个关键帧才能产生作用。第一个关键帧表示动画的起始状态，第二个关键帧表示动画的结束状态，而中间的动态过程则由计算机通过插值计算得出。当然，在起始状态与结束状态中间，还可以有其他的关键帧来表示运动状态的转折点。

动画效果主要是由关键帧来实现的。动画中的画面会随时间而变化，而这些变化可以由图层或图层上效果的属性变化来产生。可以为图层的"不透明度"属性添加动画，使其在1秒内从0%变化到100%，从而使图层淡入。通过对层的不同属性设置关键帧，就可以为层添加动画。建立关键帧时，以时间指示器为准，在该时间点为层添加一个关键帧。

3.1.2 关键帧的开启、添加和关闭

设置关键帧，"时间轴"面板中层的每一个属性均对应着左边相应的时钟图标，只要点击相应的时钟图标，就会在右边的时间轴上增加一个关键帧点。如果需要增加关键帧，但不改变属性值，可以点击位于层最左边的关键帧检测框，当然你可以稍后改变关键帧值。如果修改了属性值，而当前位置没有关键帧，AE将自动增加一个关键帧。

通过点击可以直接选择一个关键帧，按住Shift键可同时选择多个关键帧。要删除关键帧，可以按Delete键。要移动关键帧直接拖动即可。要拷贝关键帧可以在选择关键帧后选择"编辑"→"拷贝"，然后在需要粘贴的位置使用"编辑"→"粘贴"命令。

操作实战1： 添加或关闭关键帧

①把时间指示器放在第0秒处，点击图3-1中红色圆圈中的菱形图标添加"位置"关键帧。把时间指示器放在第3秒位置，将"位置"数值改成"600，300"，在第3秒位置自动生成关键帧（图3-2）。

图3-1 添加"位置"关键帧

图3-2 添加"位置"第二个关键帧

②将时间指示器移至第2秒，单击"关键帧"按钮，将会添加第三个关键帧（图3-3），在第2秒处再次单击中间的按钮，将会删除这一个关键帧。

图3-3　添加"位置"中间关键帧

③在有关键帧的情况下，如果再次单击时钟图标（图3-4红圈处）会将其关闭，同时清除所有关键帧，属性保留当前时间位置的数值（图3-4）。

图3-4　点击时钟图标

3.1.3　关键帧的选择操作

在"时间轴"面板，用鼠标单击要选择的关键帧。在"合成"或层面板，用选择工具单击运动路径上的关键帧图标。选择多个关键帧，可以在"时间轴"或层面板按住Shift键或拖动鼠标框选层，也可以在层属性面板进行选择。

3.1.4　移动关键帧

选择一个或多个关键帧向左或向右拖动，可以精确移动关键帧到某一时间位置。可以先将时间指示器定位到某一时间，在按住Shift键的同时将关键帧移至时间指示器位置，将关键帧吸附到时间指示器。

3.1.5　删除关键帧

用鼠标选择关键帧，按Delete键即可。如果再次单击时钟图标将其关闭，则取消当前属性的所有关键帧。

3.1.6　复制和粘贴关键帧

一次只能从一个图层中复制关键帧。将关键帧粘贴到另一个图层中时，这些关键帧将添加在目标图层相对应的属性中。粘贴后，最前的关键帧显示在当前时间指示器处。粘贴后的关键帧将保持选择状态，因此可以立即在目标图层中移动它们。

可以在图层的相同属性（如"位置"）之间或使用相同类型数据的不同属性之间（如在"位置"和"锚点"之间），进行关键帧复制操作。当在相同属性之间复制和粘贴时，可以一次从多个属性复制到多个属性。然而，当复制和粘贴到不同属性时，一次只能从一个来源属性复制到一个目标属性。

操作实战2： 复制关键帧

①选择第1秒位置的关键帧，按快捷键Ctrl + C，然后拖动时间指示器到第3秒的位置，并保持当前图层的选择状态，按快捷键Ctrl + V可以粘贴当前属性的关键帧（图3-5）。

图3-5 复制关键帧

②可以在不同图层的同一属性复制和粘贴关键帧。例如，将一个图层的"位置"关键帧粘贴到另一个图层的"位置"属性，只需要选择前一图层的关键帧复制，再选择后一图层粘贴即可（图3-6）。

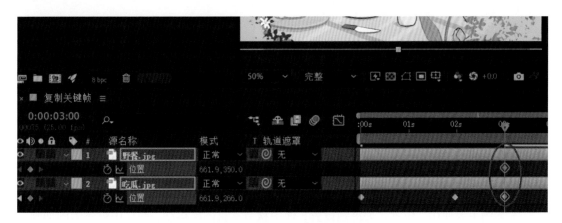

图3-6 复制"位置"关键帧到另一个图层

对于同维度属性中的关键帧，也可以相互粘贴关键帧。例如"锚点"与"位置"都是具有X和Y两个数值的二维属性，两者的关键帧可以相互复制和粘贴。"旋转"与"不透明度"是具有一个数值的一维属性，两者的关键帧也可以相互复制和粘贴。按快捷键Ctrl + C复制不同维度下的关键帧，在粘贴时需要选择目标属性后再按快捷键Ctrl + V。

3.2 关键帧动画

在AE中要想改变层图像的大小，是在"时间轴"面板实现的。点击层名称左边的小三角形，展开层属性，会发现每个层都有单独的变换属性，下面包含了位置（Position）、缩放（Scale）、旋转（Rotate）等具体属性。点击属性对应的相应数值，可以调整这些属性值。

改变某个层图像的位置，可以直接在"合成"面板拖动鼠标，或者设置该层的具体位置坐标。完成这些操作的前后时刻，都可以设置关键帧。图像缩放、变形、旋转和移动的动画跟改变位置一样设置。

层具有透明度属性，可以实现淡入、淡出的效果。在"时间轴"面板选择要设置动画的层，移动当前时间指示器到开始淡化的时间点，按T键展开层的"不透明度"属性，输入开始的不透明度值。如果要实现淡入，则将其设置为0%。点击"不透明度"属性左侧的时钟图标，增加一个关键帧，移动时间指示器到结束淡化的时间点，输入结束的不透明度值，要实现淡入，数值应设置为100%（图3-7）。

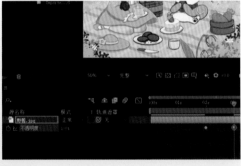

图3-7 不透明度设置

操作实战3： 中秋贺卡制作

本案例主要使用"位置"关键帧设置，使中秋节素材图层运动，制作中秋贺卡的动画。本案例素材位置：出版社官网/搜本书书名/资源下载/第3章/操作实战3。

①新建合成，导入此操作实战相关的中秋节PSD素材（图3-8）。

图3-8 导入素材

②将"玉兔"图层移出镜头并在第7帧处打上"位置"关键帧，再在第1秒处将"玉兔"图层移入镜头并打上"位置"关键帧（图3-9）。

③选择"桂花树"图层，在第0秒处打上"不透明度"关键帧，"不透明度"为"0%"，在第13帧处将"桂花树"图层的"不透明度"改为"100%"，并打上"不透明度"关键帧（图3-10）。

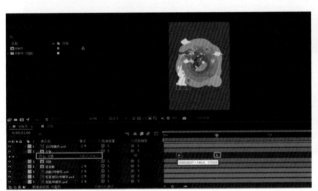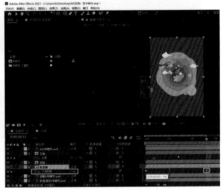

图3-9 设置"位置"关键帧　　　　**图3-10 设置"不透明度"关键帧**

④点击"孔明灯"图层，将"孔明灯"图层拖入边框图层中隐藏起来，再在时间轴第0秒的位置打上"位置"关键帧，再将时间指示器移至第17帧处，将"孔明灯"图层移出边框图层打上"位置"关键帧（图3-11）。

图3-11 "孔明灯"图层设置"位置"关键帧

操作实战4： 汽车前进动画制作

本案例主要使用"旋转"关键帧设置，使汽车轮胎转动，制作汽车前进动画。

▶实战4微课◀

①新建合成，设置分辨率为1920px×1080px，持续时间为10秒。导入小车移动的素材后，把素材图层放进新合成的"时间轴"面板（图3-12）。

②将所有图层的位置和大小进行调整，摆放在适合的合成位置，如图3-13所示。

图3-12　新建合成

图3-13　调整大小和位置

③选择"前轮"与"后轮"两个图层，利用"向后平移（锚点）工具"，将"前轮"与"后轮"两个图层的锚点拖动到各自车轮的中心位置（图3-14）。

④按住Shift键，同时选择两个车轮的图层，按快捷键R，快速打开"旋转"关键帧并在时间轴第0秒的位置打上关键帧，"旋转"参数为"0＋0.0°"。再拖到时间轴第10秒的位置，将旋转改为"7×＋0.0°"后打上关键帧，车轮10秒内会旋转7圈，根据需要设置参数（图3-15）。

图3-14　锚点工具

图3-15　设置"旋转"关键帧

⑤按快捷键Ctrl＋Shift＋C，将所有背景图层打包成一个"背景"预合成（图3-16）。

⑥按两次快捷键Ctrl + D，将背景合成复制成三份，并通过调整背景合成的*X*轴位置，将三个背景合成首尾相接摆放（图3-17）。

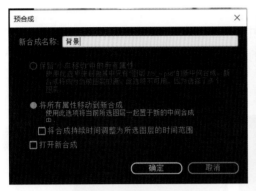

图3-16　"背景"预合成

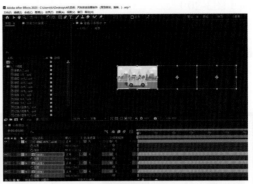

图3-17　复制背景合成

⑦在第1秒的位置给三个背景合成打上关键帧，再移到时间轴第10秒的位置，移动三个背景合成位置的*X*轴再打上关键帧（图3-18）。

图3-18　背景设置"位置"关键帧

操作实战5： 环保主题动态海报制作

本案例综合使用关键帧设置，制作环保主题的动态海报。

①新建合成，导入制作动态海报所需要的素材，将素材摆放到对应的位置（图3-19）。

▶实战5微课◀

图3-19　导入动态海报素材

②给两个手的图层在时间轴第1秒6帧处打上"位置"与"旋转"关键帧，在时间轴第0秒处将两个手的图层移至镜头之外，再给两个手的图层分别打上"位置"与"旋转"关键帧（图3-20）。

③利用"向后平移（锚点）工具"把"中间的树苗"图层的锚点移到树苗最下方，在时间轴第1秒4帧的位置打上"缩放"12%的关键帧，再移至时间轴第2秒处并打上"缩放"41%的关键帧（图3-21）。

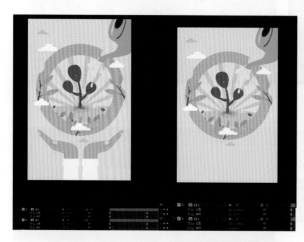 

图3-20　设置"位置"和"旋转"关键帧　　　　图3-21　设置"缩放"关键帧

④点击"水壶"图层，在时间轴第19帧处打上"旋转"关键帧，参数为"43°"。在时间轴第1秒6帧处打上"旋转"关键帧，参数为"0°"（图3-22）。

⑤点击"水"图层，在时间轴第1秒6帧处打上"不透明度"为"0%"的关键帧，在时间轴第1秒15帧处打上"不透明度"为"100%"关键帧（图3-23）。

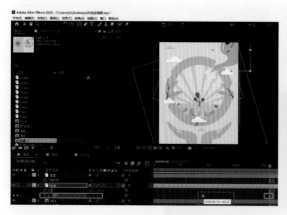 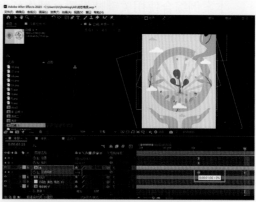

图3-22　"水壶"图层"旋转"关键帧　　　　图3-23　"水"图层"不透明度"关键帧

我国传统节日开场片头动画制作

本案例综合使用关键帧设置制作我国传统节日开场片头动画。

①新建合成，导入制作视频所需要的素材，将素材位置摆放好（图3-24）。

▶ 综合操作
实战微课 ◀

图3-24　导入素材到"合成"面板

②点击红色灯笼素材图层，给素材设置从小变大的"缩放"关键帧，关键帧在时间轴上错开，参数可根据合成大小进行调整（图3-25）。

图3-25　设置"缩放"关键帧

③点击粉色扇子素材图层，给粉色扇子在时间轴第0秒开始到第5秒结尾打上"旋转"关键帧，参数可根据合成大小进行调整（图3-26）。

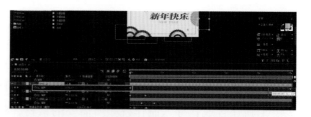

图3-26　扇子图层设置"旋转"关键帧

④给两个字体图层打上"位置"关键帧并选择关键帧，按快捷键F9给关键帧加上"缓动"效果，文字"新年快乐"从上往下运动，文字"NEW YEAR"从下往上运动（图3-27）。

⑤给所有红色扇子素材图层的"不透明度"（快捷键T）设置关键帧，在第9帧处设置参数为"0%"，第1秒处设置参数为"100%"（图3-28）。

图3-27　字体图层设置"位置"关键帧

图3-28　红色扇子图层做渐变

3.3　文字特效

文字是人类用来记录语言的符号系统，也是人类进入文明社会的标志。在影视后期中，文字不仅担负着补充画面信息和媒介交流的任务，还可以作为设计师进行视觉设计的辅助元素。在AE中，可以使用以下四种方法来创建文字：第一种，使用文字工具；第二种，使用"图层"→"新建"→"文本"菜单命令；第三种，使用"文本"滤镜组；第四种，从外部导入。

操作实战6：　文字移动特效制作

本案例使用蒙版路径制作文字移动的效果。

①新建合成，分辨率为1920px×1080px，帧速率为25帧/秒，持续时间为5秒，并命名为"路径文字移动特效"（图3-29）。

②在菜单栏中选择"图层"→"新建"→"纯色"，创建一个纯色图层（可为任意颜色）。选择纯色图层，在菜单栏中选择"效果"→"过时"→"路径文本"，在弹出面板中输入"After Effects 2023"，如图3-30所示。

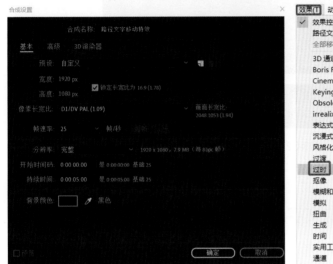

图3-29 新建合成

图3-30 创建路径文本

③在工具栏中选择"钢笔工具"，在"预览"面板中绘制一条弯曲的路径。选择纯色图层，在"效果控件"面板中将"自定义路径"选取为所绘制的"蒙版1"（图3-31）。

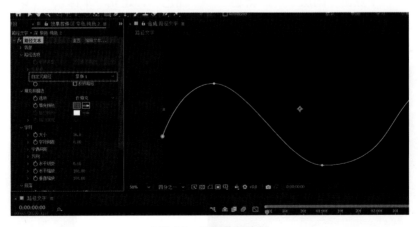

图3-31 绘制蒙版路径

④选择纯色图层，在"效果控件"面板中将"字符"中的"大小"数值改为"105"，字体"填充颜色"改为白色，在时间轴第0秒处将"段落"中的"左边距"的数值改为"0"，在时间轴第5秒处将"左边距"数值改为"1520"（图3-32）。

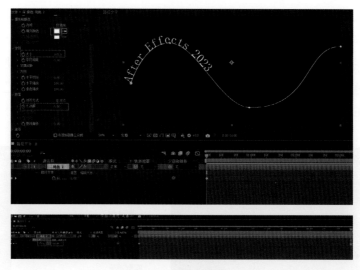

图3-32 设置数值

综合操作实战： 抖动文字效果制作

本案例讲解抖动文字效果的制作方法，文字特效可以用于影视片头和片尾的文字制作。

①打开AE并新建合成，合成分辨率为1920px×1080px，帧速率为25帧/秒，持续时间为10秒，将合成命名为"抖动文字"（图3-33）。

②在菜单栏中点击"图层"→"新建"→"纯色"，建立一个深紫色（R：115，G：35，B：173）的纯色图层作为背景（图3-34）。

综合操作
实战微课

图3-33 新建合成并命名

图3-34 创建紫色图层背景

③用工具栏中的"横排文字工具"建立"Adobe After Effects"文字图层，并将文字颜色改为黄色（R：249，G：214，B：16）。利用"向后平移（锚点）工具"将文字图层的锚点放置与文字中心对齐（图3-35）。

④选择文字图层并点击属性图标（图3-36中左边红色方块）向下展开，点击右边的"动画"选项，选择"位置"（图3-36）。

图3-35 新建文字图层 图3-36 打开文字"位置"动画

⑤点击文字图层的属性图标向下展开，再点击"文本"选项向下展开，选择"动画制作工具1"→"添加"→"属性"→"旋转"（图3-37）。

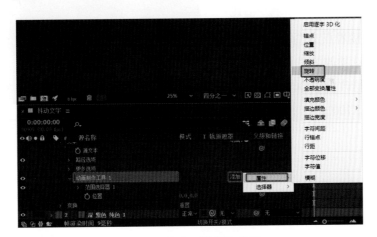

图3-37 添加"旋转"动画

⑥选择"动画制作工具1"→"添加"→"选择器"→"摆动"，添加摆动效果（图3-38）。

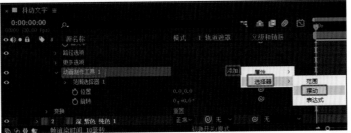

图3-38 添加"摆动"效果

⑦将"摆动选择器1"中的"位置"数值改为"0，25"，"旋转"数值改为"0×+15°"（图3-39）。

⑧选择文字图层向下展开，点击"文本"→"动画"→"缩放"，将出现的"动画制作工具2"中的"缩放"的数值改为"0，0%"（图3-40）。

图3-39　设置参数

图3-40　设置动画"缩放"参数

⑨将文字图层的"动画制作工具2"打开，再打开"范围选择器1"，在时间轴第0秒处将"偏移"数值改为"−100%"，在时间轴第1秒处将"偏移"改为"100%"。接着点击"高级"选项，将"形状"中的选项改为"上斜坡"，将"缓和高"的数值改为"100%"，"缓和低"的数值改为"100%"，并打开"随机排序"（图3-41）。

图3-41　设置动画其他参数

◀ **综合操作实战:**　**极简风格的文字动画（动效文字）制作**

本案例讲解极简风格的文字动画制作方法，动效文字可以应用于影视片头和片尾的文字放映。

①打开AE并新建合成，合成分辨率为1920px×1080px，帧速率为25帧/秒，持续时间为10秒，将合成命名为"极简风格的文字动画"（图3-42）。

②在菜单栏中选择"图层"→"新建"→"纯色"，创建一个纯色图层作为背景。在"效果和预设"面板搜索"梯度渐变"并双击使用，并在"效果控件"面板将"渐变起点"与"渐变终点"分别放置在"预览"面板的左上角与右下角，将

综合操作
实战微课

"渐变形状"改为"径向渐变"（起始颜色与渐变颜色随意搭配，美观即可），如图3-43所示。

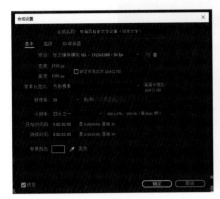

图3-42　新建合成并命名

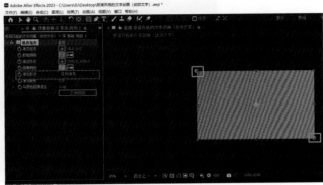

图3-43　创建背景

③在工具栏中使用"横排文字工具"，输入"After Effects 2023"创建文字图层，将文字图层放置于"预览"面板（图3-44）。

④将文字图层展开，点击右边的"动画"→"位置"，将"位置"数值改为"0，50"。再展开"范围选择器1"，在时间轴第0秒处将"起始"数值改为"0%"，在时间轴第1秒处将"起始"数值改为"100%"（图3-45）。

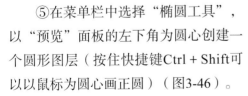

图3-44　创建文字图层

图3-45　设置动画参数

⑤在菜单栏中选择"椭圆工具"，以"预览"面板的左下角为圆心创建一个圆形图层（按住快捷键Ctrl + Shift可以以鼠标为圆心画正圆）（图3-46）。

⑥选择背景图层与文字图层，点击鼠标右键选择"预合成"并命名为"字"。选择圆形形状图层，在时间轴第0秒处将"缩放"数值改为"0%"，在时间轴第2秒处将"缩放"数值改为

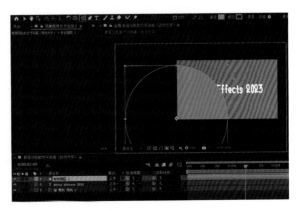

图3-46　创建圆形图层

"100%"。选择"字"合成，在"轨道遮罩"选择圆形图层"形状图层1"（图3-47）。

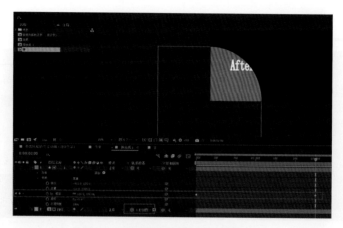

图3-47 轨道遮罩选择"形状图层1"

⑦选择形状图层与"字"合成，按快捷键Ctrl＋C进行复制，再按快捷键Ctrl＋V，再将"形状图层2"移至"预览"面板的右上角（图3-48）。

图3-48 复制图层

⑧任选一个文字图层，将其复制并放置于图层最底下，并将其遮罩取消，保留最底下的文字图层，选择其他图层进行预合成（图3-49）。

图3-49 选择其他图层进行预合成

⑨在"效果和预设"面板搜索"投影"并为"预合成"使用，在"效果控件"面板将"柔和度"数值改为"300"（图3-50）。

⑩将所有图层进行预合成并命名为"效果"。选择"效果"合成，在时间轴第1秒与第2秒处打上"位置"关键帧，在时间轴第0秒处将"效果"合成往下移出"预览"面板并打上"位置"关键帧，在时间轴第3秒处将"效果"合成往上移出"预览"面板并打上"位置"关键帧。全选关键帧，按F9键为关键帧添加缓动效果（图3-51）。

图3-50 调整投影
柔和度

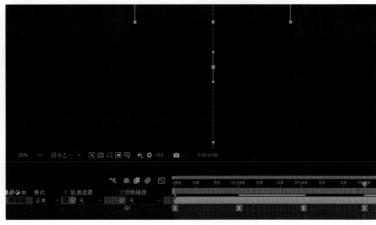

图3-51 设置关键帧

⑪在"效果和预设"面板中搜索"动态拼贴"并双击使用，在"效果控件"面板中将"输出高度"的数值改为"300"，并勾选"镜像边缘"，在图层中勾选"动态模糊"（图3-52）。

图3-52 添加动态模糊效果

 课后训练

模仿抖动文字或动效文字效果设计并制作关键帧动画和文字特效，要求效果简约且美观。

第**4**章 | 三维效果的应用

知识目标 ● 熟悉AE 2023的三维功能。
能力目标 ● 具备使用软件进行三维图层、摄像机和灯光应用的能力；具有一定的三维空间想象能力。
素质目标 ● 通过三维效果案例实践，加强对中华优秀传统文化相关知识的认知，明白中华优秀传统文化的重要性并自觉传播正能量，树立民族文化自信。
学习重点 ● 使用软件的三维图层。
学习难点 ● 灵活实现三维效果。

4.1 三维空间的基础知识

4.1.1 认识三维空间

在学习应用三维效果的方法前，必须先对三维空间有一个清楚的了解。三维空间是由X、Y、Z三个轴构成的立体空间。所有的物体都是三维对象，三维空间中的对象会与其所处的空间互相产生影响，如产生阴影、遮挡等。而且由于观察视角的不同，还会产生透视、聚焦等。下面对三维空间的一些基本概念进行介绍。

AE是通过三维图层来实现三维空间效果的，三维图层与普通图层的区别是增加了纵深方向的Z轴。三维图层中的对象不仅可以在X轴和Y轴组成的平面上运动，还可以在Z轴上进行纵深运动，如图4-1所示。

AE的三维合成与专业的三维制作软件不同，它通过设置三维图层的各种属性，提供摄像机和灯光等三维辅助工具实现三维效果，但不具备建模等三维功能。不过对于处理影视素材来说，AE 2023的三维合成功能已经足够强大了。

图4-1 显示X、Y、Z轴

4.1.2 三维图层属性设置

要在AE中进行三维合成，首先要将图层转换为三维图层。为此，只需在"时间轴"面板中单击要转换图层的三维图层开关即可（图4-2），再次单击可将三维图层转换回二维图层。在AE中，除了声音层外的其他图层都可转换为三维图层。三维图层比二维图层增加了一些属性。

由图4-3可以看到，二维图层转换为三维图层后，"锚点""位置""缩放"属性都增加了Z轴参数。在二维图层中对象只能在一个轴向旋转，转换为三维图层后，对象可以在三个轴向旋转。此外，三维图层还增加了"方向"属性。"方向"属性与"旋转"属性的区别是，"方向"属性的参数值只能小于360°，而"旋转"属性没有这个限制。

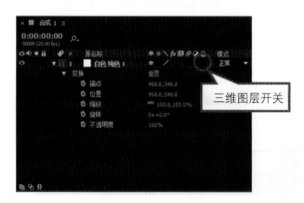

图4-2 三维图层开关

图4-3 三维图层属性

在AE中可利用多种视图观察三维对象，如摄像机视图、正交视图、自定义视图，多视图观察可以确定三维对象不同角度的效果。选择"视图"→"切换3D视图"下的子菜单，或在"合成"面板下方的"3D视图弹出式菜单"下拉列表中选择相应视图，可在各个视图间切换（图4-4）。

图4-4 切换视图

摄像机视图是从添加的摄像机的角度，通过镜头去观察三维空间。摄像机视图显示的三维空间是带有透视效果的，能够真实地表现对象的远近关系。通过设置摄像机的属性，还可对三维空间的显示进行特殊处理。

正交视图是从对象的前、后、左、右、上、下六个方向观察而得到的视图，包括"前面""左侧""顶部""返回""右侧"和"底部"视图。在正交视图中对象的长宽尺寸始终保持原始数据，在正交视图中观察对象不会有透视感。

自定义视图是从三个默认的视角观察三维空间，自定义视图中的对象同摄像机视图一样拥有透视感，并可使用"工具"面板中的"绕光标旋转"工具调整摄像机的摇镜头，使用"光标下移动"工具调整摄像机移镜头，使用"向光标方向推拉镜头"工具调整摄像机的推拉镜头（图4-5）。自定义视图与摄像机视图的区别是，自定义视图并不要求合成中必须有摄像机，但也没有摄像机视图中的景深、广角和长焦之类的效果。

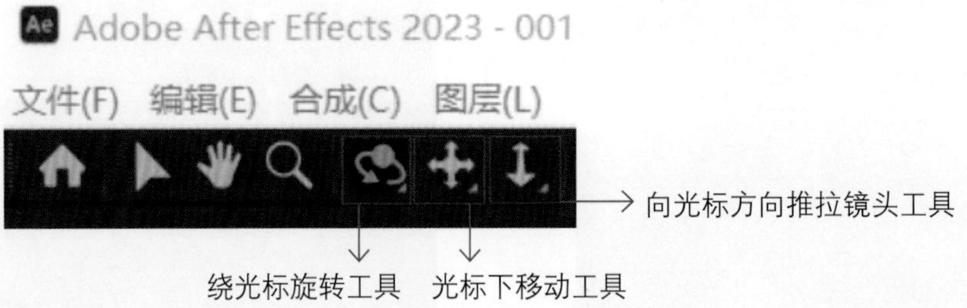

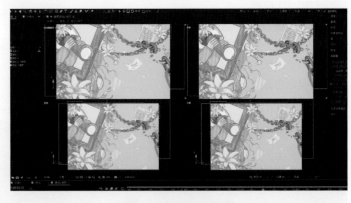

图4-5　摄像机工具

使用多视图观察三维空间，可以同时从多个角度观看三维对象，从而从多个角度对三维对象进行对比，便于编辑和调整三维对象。在AE 2023中"视图"→"切换视图布局"下的子菜单可选择视图的布局方式。打开四个视图，分别选择活动摄像机视图、顶部视图、右侧视图、正面视图，如图4-6所示。

在三维图层中"旋转"属性变成了"X轴旋转""Y轴旋转"和"Z轴旋转"三个独立的参数，这三个参数均可设置圈数和角度。新增的"方向"属性包含X、Y、Z三个轴向参数。在对三维对象进行旋转操作时，既可使用"旋转"属性实现，也可使用"方向"属性实现，但最好不要同时使用，避免在添加特效时造成内部冲突。

图4-6　显示四个视图

"旋转"属性与"方向"属性各有利弊。"旋转"属性的优点是可以使三维对象旋转多圈，并可指定旋转的圈数。"方向"属性的优点是运算更加快捷，在制作旋转动画时效果更加平滑。

操作实战1： 三维贺卡制作

本案例使用三维图层来制作新年贺卡打开的效果。创建"形状图层"和"摄像机"，通过使用"顶部"和"摄像机"两个视图观察三维空间，调节三维图层中"旋转"属性，并设置关键帧动画。贺卡是平面的图层，制作贺卡打开的三维效果动画后有立体空间感。

▶实战1微课◀

①导入所需的素材，新建一个合成，点击"图层"→"新建"→"形状图层"，画一个长方形的形状图层，如图4-7所示。

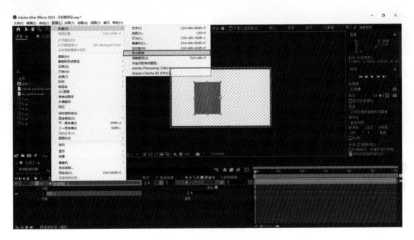

图4-7 新建形状图层

②按快捷键Ctrl + D，将形状图层多复制一层，利用"向后平移（锚点）工具"将两个形状图层的锚点都移动到它们相交的边的正中间，如图4-8所示。

③将贺卡制作成所需的样式后选择所有图层，打开三维图层，如图4-9所示。

图4-8 移动锚点工具

图4-9 打开素材三维图层

④点击"图层"→"新建"→"摄像机"，添加摄像机，如图4-10所示。

⑤点击"1个视图"→"2个视图"，打开两个视图后，先点击左侧视图，再点击"左侧"→"顶部"，将左侧视图改为顶部视图，如图4-11所示。

图4-10　创建摄像机　　　　　　　　　　图4-11　切换两个视图

⑥通过调整其中一个图层Y轴的旋转，来实现三维贺卡开关的效果，如图4-12所示。

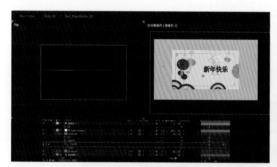 

图4-12　旋转Y轴

操作实战2：　立体盒子制作

通过本案例的学习，迅速掌握AE的三维场景的搭建方法。本案例使用AE的三维功能制作了简单的立体盒子动画，软件用平面的图片通过旋转和位置的移动拼接立体盒子，最后创建摄像机和灯光图层搭建整体的三维空间。

▶实战2微课◀

本案例素材位置：出版社官网/搜本书书名/资源下载/第4章/操作实战2。

①新建合成并命名为"立体盒子"，导入图像素材，然后将其添加到"时间轴"面板中。打开三维图层开关，使用"自定义视图1"查看场景，将"方向"的X轴数值设为"270°"，转为水平放置，如图4-13所示。

②选择素材，打开三维图层开关，选择素材图层，调整"锚点"的Z轴数值。再按快

捷键Ctrl＋D创建副本，旋转副本层的方向，用"向后平移（锚点）工具"将全部图层的锚点都移动到图层正中间，旋转并移动图层的位置，如图4-14所示。

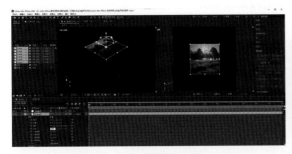

图4-13　将X轴数值设为270°

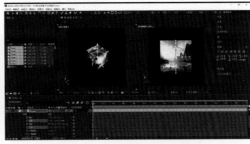

图4-14　旋转图层并移动图层

③继续创建立方体的其他面并旋转方向。图片像素为1024px×1024px，立体盒子正面移动"位置"Z轴参数设置为"－512"，背面Z轴参数设置为"512"，组成立方体，如图4-15所示。

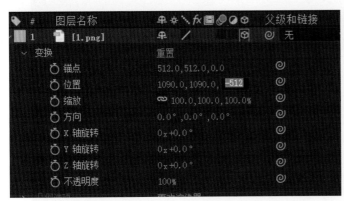

图4-15　设置参数组成立方体

④按快捷键Ctrl＋Alt＋Shift＋Y新建空白图层（图4-16），命名为"立体盒子"，将六个图层（面）绑定父子级到"立体盒子"，如图4-17所示。

图4-16　创建空白图层

图4-17　图层绑定父子级

⑤组成立方体，创建"灯光"图层，将"立体盒子"图层转换为三维图层。然后在

"立体盒子"图层时间轴第0秒X、Y、Z轴旋转的位置分别打上关键帧，拖动时间轴到第4秒的位置，设置"X轴旋转"为"0× +213°"，"Y轴旋转"为"1× +72°"，"Z轴旋转"为"3× +151°"，制作旋转动画，如图4-18所示。

图4-18 "立体盒子"X、Y、Z轴旋转关键帧设置

⑥创建"摄像机"图层，调整摄像机的位置，如图4-19所示。

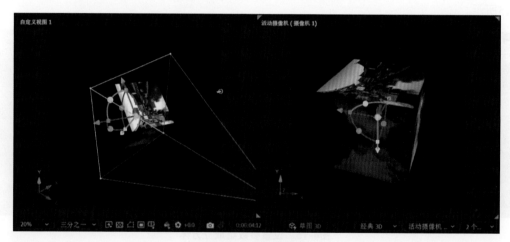

图4-19 创建摄像机

4.2 摄像机的应用

AE中可通过设置一个或多个摄像机来拍摄三维空间中的对象。AE中的摄像机不但可以安放在任何位置，还可以模拟真实摄像机的各种光学特性。

在AE中，我们常常需要运用一个或多个摄像机来创造空间场景，观看合成空间。摄像机工具不仅可以模拟真实摄像机的光学特性，更能突破真实摄像机在三脚架、重力等条件下的制约，在空间中任意移动。下面就来介绍一下摄像机的创建和设置。

要创建摄像机，可点击"图层"→"新建"→"摄像机"，打开图4-20所示的"摄像机设置"对话框，对摄像机的参数进行设置。

名称： 为摄像机命名，可根据项目用"镜头一"和"镜头二"来命名。

预设： 摄像机预置，在这个下拉菜单里提供了9种常见的摄像机镜头，包括35毫米标准镜头、15毫米广角镜头、200毫米长焦镜头以及自定义镜头等。35毫米标准镜头的视角类似于人眼。15毫米广角镜头有极大的视野范围，类似于鹰眼观察空间，由于视野范围极大，看到的空间很广阔，但是会产生空间透视变形。200毫米长焦镜头可以将远处的对象拉近，但是视野范围也随之减少，只能观察到较小的空间，不过几乎没有变形的情况出现。

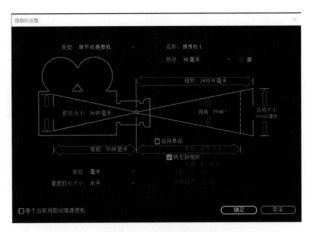

图4-20　新建摄像机

图4-21　摄像机目标点

单位： 通过此下拉菜单选择参数单位，包括像素、英寸、毫米三个选项。

量度胶片大小： 可改变胶片尺寸的基准方向，包括水平方向、垂直方向和对角线方向三个选项。

摄像机常用属性有"变换"和"摄像机选项"。摄像机前端总是有一个目标点，摄像机以目标点为基准观察对象。移动目标点时，观察范围会随之发生变化，相当于摄像机的指向，默认情况下的摄像机是打开目标点的（图4-21）。"位置"参数为摄像机在三维空间中的位置，调整该参数，可以移动摄像机机头位置。摄像机机头即在摄像机视图中的观察点位置。

图4-22　点开"景深"功能

"摄像机选项"中，"缩放"的值越大，通过摄像机显示的图层大小就越大，视野范围也越小。景深需点开"景深"功能（图4-22），并且需要配合"焦距""光圈"和"模糊层次"的参数来使用。"焦距"指胶片与镜头距离，焦距短产生广角效果，焦距长产生长焦效果。在AE里"光圈"大小与曝光无关，仅影响景深。值越大，前后图像清晰范围就越小。"模糊层次"是控制景深模糊程度，值越大越模糊。

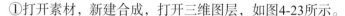

操作实战3： 端午节镜头运动动画效果制作

本案例用摄像机、三维图层制作我国传统节日端午节的镜头运动动画效果，以端午节的粽子、艾叶、黄酒、龙舟等传统元素为主进行设计。

①打开素材，新建合成，打开三维图层，如图4-23所示。

②选择"图层"→"新建"→"摄像机"，或按快捷键Ctrl + Alt + Shift + C，弹出"新建摄像机"菜单后创建摄像机，如图4-24所示。

▶实战3微课◀

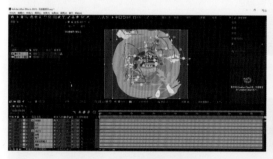

图4-23　打开素材三维图层

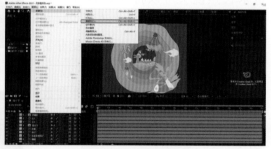

图4-24　创建摄像机

③打开"摄像机"和"顶部"视图，调整素材图层前后顺序，在三维空间排列好位置，图层之间要拉开一些距离（图4-25）。

④在场景中建立摄像机后，通过设置摄像机的"位置"和"方向"关键帧来调节摄像机的基本运动，如图4-26所示。

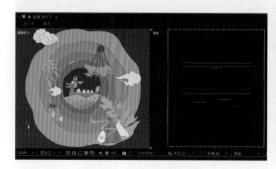

图4-25　调整图层位置

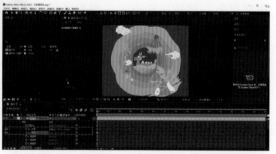

图4-26　设置摄像机的"位置"和"方向"关键帧

4.3　灯光的应用

通过在三维空间中添加灯光，可设置三维空间中的照明和投影等效果，模拟不同环境下的真实场景。

在AE中可通过创建一个或多个灯光来制作三维场景的光影效果。要创建灯光，只需选择"图层"→"新建"→"灯光"，打开图4-27所示的"灯光设置"对话框，然后设置灯光参数并单击"确定"按钮即可。编辑框用于设置灯光的名称，下拉列表用于设置灯光类型。

图4-27　创建灯光图层

4.3.1　灯光类型及投影

AE中的灯光可分为平行光、聚光、点光和环境光四种类型。下面对不同类型的灯光进行简单介绍。

平行光是一种近似于太阳光的光源，具有无限的光照范围，可以照射到场景中的任何地方。这种灯光不受衰减影响，可以投射阴影。

聚光是由一点向指定方向发射圆锥形的光线，可以明确区分光照区域与非光照区域。这种灯光受衰减影响，可以投射阴影。

点光是由一点向周围发射光线。这种灯光受衰减影响，可以投射阴影。

环境光没有发射点也没有方向性，用于调节整个场景的亮度。这种灯光不受衰减影响，无法投射阴影，经常与其他类型的灯光配合使用。

创建灯光后，可在"时间轴"面板中展开灯光层的"灯光选项"，对灯光的参数进行设置。"投影"用于控制是否投射阴影。需要注意的是，只有将被灯光照射的三维图层的"材质选项"中的"投影"选项同时打开，才可以产生投影，一般默认此选项关闭。"阴影深度"用于调节阴影的黑暗程度。"阴影扩散"用于设置阴影边缘的羽化程度，数值越高，边缘越柔和。

4.3.2　灯光的颜色与图层的材质

灯光颜色可以通过"灯光选项"中的"颜色"来进行设置。默认情况下，灯光的颜色是白色的，也可以将其更改为其他任何颜色。当选择一个灯光颜色时，需考虑场景的氛围和情感。不同的颜色会产生不同的视觉效果，例如，红色会给人带来紧张和充满动力的感觉，而蓝色可能会带来冷静和平静的感觉。

材质可以增加图层的细节和深度感，从而使画面更加逼真和生动。在场景中设置灯光后，场景中的层如何接受灯光照明、如何进行投影将由层的材质属性控制。合成中的每一个3D层都具有其材质属性。可以在"时间轴"面板展开层的"灯光选项"对层的材质属性进行设置，如图4-28所示。

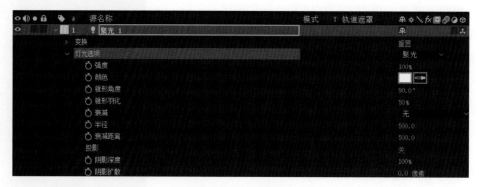

图4-28　灯光选项

操作实战4：　使用灯光给卡通人物加影子

本案例介绍利用三维图层和灯光制作卡通人物灯光照射效果的方法，给平面的角色增加立体感。

①导入此操作实战卡通人物素材，新建纯色背景图层，如图4-29所示。

▶实战4微课◀

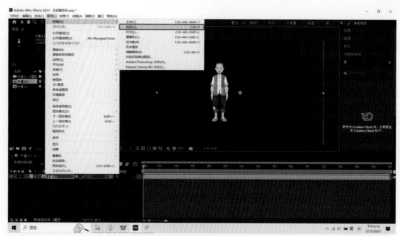

图4-29　新建纯色图层

②复制背景图层作为地面，打开图层三维视图，如图4-30所示。

③打开左侧视图调整地面的位置，并把"卡通人1"图层和背景图层拉开距离，如图4-31所示。

图4-30　复制地面图层

图4-31　调整地面位置

④选择"新建"→"灯光"，创建灯光，并对创建的灯光进行设置。"灯光类型"选择"聚光"。聚光灯从一个点向前以圆锥形发射光线，该灯光很容易生成有光照区域和无光照区域，显示阴影和鲜明的方向性，如图4-32所示。

⑤打开"卡通人1"图层中"材质选项"→"投影"选项，卡通人物有灯光照射的影子，如图4-33所示。

图4-32　创建灯光

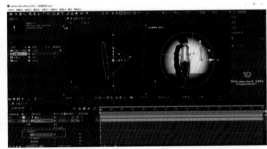

图4-33　打开"投影"选项开关

⑥调整聚光灯阴影的深度和光照范围边缘的羽化程度，如图4-34所示。

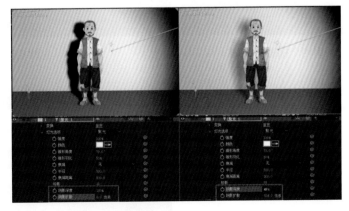

图4-34　羽化影子

综合操作实战： 兔年片头动画推镜头制作

本案例用三维图层、摄像机制作中国剪纸风格的兔年片头动画。

①导入素材，新建合成，打开全部三维图层，如图4-35所示。

②选择"图层"→"新建"→"摄像机"，弹出"新建摄像机"菜单后创建摄像机，如图4-36所示。

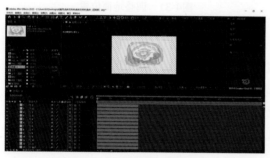

图4-35 打开全部三维图层

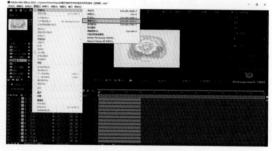

图4-36 创建摄像机

③点击"1个视图"→"2个视图"，调出两个视图面板，如图4-37所示。

④左键单击左侧视图面板，再点击"左侧"→"左侧"，将其中一个视图调成左侧视图，如图4-38所示。

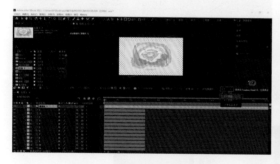

图4-37 调出两个视图面板

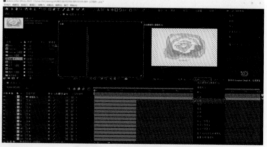

图4-38 左侧视图面板

⑤通过调整各图层Z轴的位置，将图层依次往后调整排列，如图4-39所示。

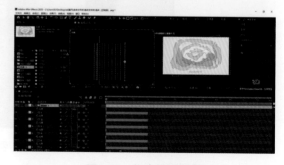

图4-39 依次排列图层

⑥通过调整摄像机的Z轴位置，实现摄像机的推镜头运动，如图4-40所示。

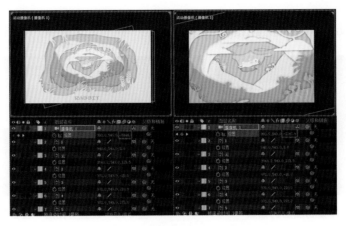

图4-40 设置摄像机的Z轴位置

综合操作实战：旅行宣传动画制作

　　本案例用全南县的"全宝""南仔"IP形象制作旅行宣传动画。全南县地处赣之南、粤之边，是江西省"南大门"，有着丰富的旅游文化资源，如天龙山景区、雅溪古村景区、攀岩小镇、十里桃江森林度假区等核心景区。本案例选取三个镜头进行综合讲解。

　　①导入所需要的素材，新建合成，将"镜头一"中花素材图层的锚点位置放到镜头的角落，并打上"旋转"关键帧，如图4-41所示。

▶ 综合操作
实战微课 ◀

图4-41 改变花素材图层的锚点

②将所有草素材图层的锚点位置放在镜头的左、右两个角落，并打上"旋转"关键帧，如图4-42所示。

③选择鱼图层，给鱼图层打上从左向右移动的"位置"关键帧，如图4-43所示。

图4-42　改变草素材图层的锚点

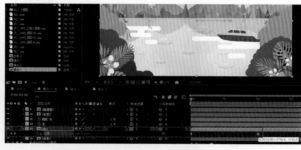

图4-43　设置鱼图层"位置"关键帧

④将船图层移出镜头外并打上"位置"关键帧，再将船图层移入镜头打上"位置"关键帧，如图4-44、图4-45所示。

图4-44　设置船图层"位置"关键帧1

图4-45　设置船图层"位置"关键帧2

⑤全选图层后，在"时间轴"面板设置运动结束的关键帧。按快捷键Ctrl + Shift + D切断图层，删掉多余部分，准备衔接下一个镜头，如图4-46所示。

⑥全选图层，按快捷键Ctrl + Shift + C，将它打包成一个预合成，命名为"镜头一"。

⑦选择所需图层素材，合成"镜头二"。给"镜头一"和"镜头二"合成设置"缩放"和"不透明度"关键帧，进行两个镜头的衔接，如图4-47所示。

图4-46　删掉多余部分

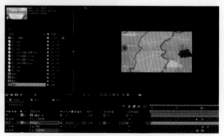

图4-47　设置"镜头一"和"镜头二"
合成的关键帧

⑧给"食物"合成设置"不透明度"关键帧，给"云""云2"图层的Z轴设置"位置"关键帧，完成这个镜头（图4-48）。

图4-48 调整合成"位置"与"不透明度"的关键帧

⑨使用"锚点移动工具"，将"镜头二"合成的锚点移到正下方，如图4-49所示。同时，给"旋转""不透明度"设置关键帧，如图4-50所示。

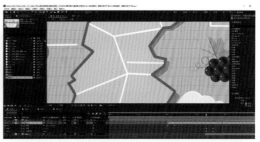

图4-49 调整"镜头二"合成的锚点　　　**图4-50 设置"旋转""不透明度"关键帧**

⑩导入"镜头三"素材，按快捷键Ctrl + Shift + C打包成预合成，命名为"镜头三"。回到"合成1"，在"镜头二"中点击"效果"→"模糊和锐化"→"摄像机镜头模糊"，并设置"模糊半径"的关键帧，制作"镜头二""镜头三"的转场动画（图4-51）。

⑪打开"镜头三"的合成，点击"图层"→"新建"→"形状图层"（图4-52）。

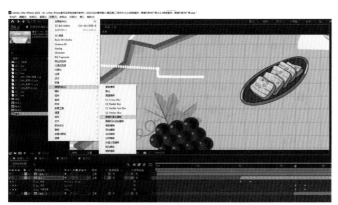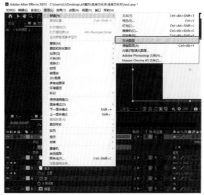

图4-51 设置"镜头二"转场动画　　　**图4-52 新建形状图层**

⑫复制形状图层，并给"全宝""南仔"两个卡通角色绑定父子级关系，给两个卡通角色X轴设置"位置"关键帧（图4-53、图4-54）。

图4-53　父子级关系绑定　　　　　　　　　　图4-54　设置"位置"关键帧

⑬给两个形状图层和"字"图层打上"不透明度"关键帧（图4-55、图4-56）。

图4-55　设置"不透明度"关键帧1　　　　　图4-56　设置"不透明度"关键帧2

 课后训练

灵活运用综合操作实战的相关素材制作摄像机动画。

第 **5** 章 | # 蒙版的应用

知识目标 ● 熟悉AE 2023中蒙版遮罩的概念，并灵活使用蒙版。

能力目标 ● 具备AE 2023蒙版遮罩的建立和编辑的能力。

素质目标 ● 通过具有地方特色的操作实战练习，了解祖国各地的地方文化，培养对祖国大好河山的热爱之情。

学习重点 ● AE蒙版遮罩的基础操作知识。

学习难点 ● AE动态蒙版遮罩的操作流程。

5.1 蒙版的基础知识

蒙版是所有处理图形图像的应用程序所依赖的合成基础。电脑以Alpha通道来记录图像的透明信息，当素材不含Alpha通道时，则需要通过蒙版来建立透明区域。

5.1.1 常用蒙版工具和创建蒙版的方法

创建蒙版的方式比较多，常用的是"钢笔工具"和"矩形蒙版工具"。

钢笔工具： 在"工具"面板上选择"钢笔工具"，可以绘制精细的蒙版区域。在层面板中选定目标层，找到目标层的蒙版起始位置，点击鼠标左键。每次点击一下，产生一个控制点，移动鼠标到第二个控制点的位置，点击鼠标产生第二个控制点，它与上一个控制点以直线相连绘制线段，通过点击第一个控制点或者双击最后一个控制点来封闭路径。

矩形蒙版工具： 在"工具"面板中选择"矩形蒙版工具"，在"时间轴"面板选定目标层，然后在"合成"面板使该目标层可见。找到目标层的蒙版起始位置，按住鼠标左键拖动，在结束位置松开鼠标，即可创建一个蒙版。拖动时按住Shift键可以创建正方形蒙版。拖动时按住Ctrl键可以从蒙版中心建立蒙版。

5.1.2 蒙版工具与形状工具的区别

蒙版工具和形状工具的使用区别为显示不同、效果图像不同、透明度不同。

显示不同： 形状工具通过蒙版图层中的图形对象，透出下面图层中区域内的内容。蒙版工具通过蒙版图层中的图形对象，显示下面图层中区域外的内容。

效果图像不同： 形状工具可以将多个层组合放在一个蒙版图层下，创建出多样的效果。蒙版工具只可以将单个层放在一个蒙版图层下，创建出蒙版效果图像。

透明度不同：形状工具的遮罩效果为不透明度，不能调整不同的透明度。蒙版工具可以设置将不同灰度色值转化为不同的透明度。

选择一个层后再选择绘图工具，这时产生的是一个蒙版。而在没有选中层，或者选中的是一个形状图层的情况下，默认创建的就是形状图层。形状图层均具有填充和描边属性。所谓填充属性，就是形状图层的颜色；而通过设置描边属性，可以为其添加描边效果。形状图层中的规则图形比蒙版图层具有更多的可调整属性。

形状工具的应用

新建合成，导入风景图片，图层处于选择状态，绘制的形状将变成图层的蒙版。若无图层处于选择状态，则AE会自动创建一个形状图层。

操作实战1： 矩形工具的应用

①选择"风景"图层，在工具栏中选择"矩形工具"，按住Shift键可以画正方形（图5-1）。

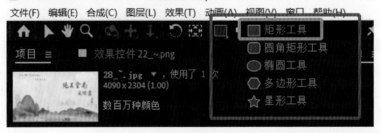

图5-1　矩形工具

②"蒙版羽化"功能可将蒙版的边缘进行虚化处理。在默认情况下，蒙版边缘不带有任何的羽化处理，要进行相应的处理时可以单击并拖动"蒙版羽化"选项右侧的数值，成比例进行羽化（图5-2）。

图5-2　羽化效果前后对比

操作实战2： 圆角矩形工具的应用

　　选择"风景"图层，在工具栏中选择"圆角矩形工具"。为图层创建一个蒙版后，蒙版中的图像将实现100%显示，蒙版外的图像将实现0%显示。如若要调整蒙版选择部分为半透明效果，可以单击"蒙版不透明度"选项右侧的参数值，直接进行不透明度的设置。"蒙版不透明度"100%和60%对比如图5-3所示。

图5-3　蒙版不透明度对比

操作实战3： 椭圆工具的应用

　　①选择"风景"图层，在工具栏中选择"椭圆工具"，按住Shift键可以画正圆（图5-4）。

图5-4　椭圆工具

　　②调整蒙版尺寸还可以通过"蒙版扩展"选项。当数值为正值时，将对蒙版进行扩展；当数值为负值时，将对蒙版进行收缩（图5-5）。

图5-5　蒙版扩展对比

< **操作实战4：** 多边形工具的应用

选择"风景"图层，在工具栏中选择"多边形工具"。蒙版扩展功能可以对蒙版的尺寸进行扩展，具体的效果还是和缩放有一定区别。当要进行普通的变形时，可选"图层"→"遮罩和图形路径"→"自由变换点"或按快捷键Ctrl + T，此时选择的蒙版周边出现一个变形框。移动蒙版可将鼠标指针放置到蒙版中心，单击并拖动鼠标可以移动当前蒙版。缩放蒙版可以将鼠标指针放置到控制柄的角点上，单击并拖动鼠标可以缩放当前蒙版（图5-6）。

图5-6 多边形工具

< **综合操作实战：** 用形状工具制作动画

本案例使用蒙版的形状工具制作一个由矩形变成圆形的小动画。

①新建合成，同时创建两个纯色图层（图5-7）。

②利用"矩形工具"和"椭圆工具"为两个纯色图层加上蒙版（图5-8）。

③选择矩形图层并打开蒙版，给矩形图层的蒙版路径设置关键帧（图5-9）。

综合操作
▶ 实战微课 ◀

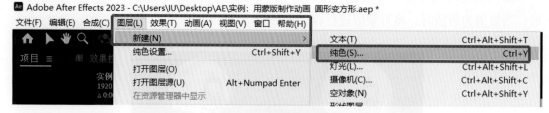

图5-7 新建纯色图层

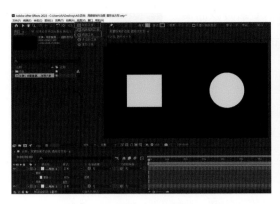

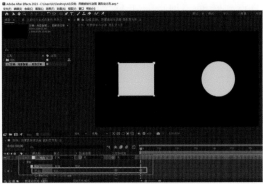

图5-8　用矩形工具和椭圆工具　　　　　　　　图5-9　设置关键帧

④选择圆形图层的"蒙版路径"，按快捷键Ctrl＋C复制圆形图层的蒙版路径（图5-10）。

⑤选择矩形图层，将时间指示器移至第1秒处，再点击矩形图层的"蒙版路径"，按快捷键Ctrl＋V粘贴蒙版路径的关键帧（图5-11）。

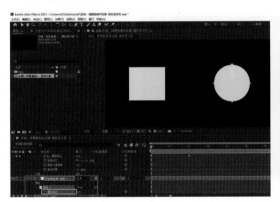

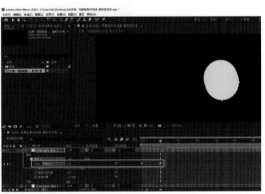

图5-10　蒙版路径　　　　　　　　　　图5-11　设置蒙版路径的关键帧

5.3　蒙版动画

钢笔工具（Pen Tool）是通过创建控制点并在控制点间连线，来产生一个自由形状的蒙版，利用"钢笔工具"进行调节是必须掌握的。由多个控制点组成的形状，通过移动这些控制点，就可以改变蒙版的形状。要移动控制点，首先要使用选择工具（Selection Tool），然后将光标移动到控制点上移动即可。

添加"顶点"工具（Add Vertex Tool）为路径加点工具，它的作用是增加路径上的节点。删除"顶点"工具（Delete Vertex Tool）为路径去点工具，它的作用是删除路径上的节点。转换"顶点"工具（Convert Vertex Tool）为路径曲率工具，它的作用是改变路径的曲率，单击后可以让控制点在曲线和直线控制间转换（图5-12）。

图5-12　钢笔工具

◄ 操作实战5：　使用钢笔工具制作动画

本案例使用蒙版的"钢笔工具"制作由字母I变成U的字母变形动画。

①使用"横排文字工具"输入字母I，再新建一个文本图层，输入字母U（图5-13）。

▶ 实战5微课 ◄

图5-13　新建字母I和U文本

②选择文字图层"I"，点击"图层"→"创建"→"从文字创建蒙版"，创建蒙版（图5-14）。

图5-14　从文字创建蒙版

③将两个文字图层都创建蒙版后，选择其中一个图层，在时间轴第0秒的位置打上"蒙版路径"的关键帧（图5-15）。

④选择另一个字母"U"图层，按快捷键Ctrl＋C复制其"蒙版路径"，再点击字母图层的"蒙版路径"设置的关键帧。将时间轴拖到第1秒，再按快捷键Ctrl＋V复制一个新的关键帧（图5-16）。

⑤点击预览，可以看到字母I变成字母U的变形动画。

 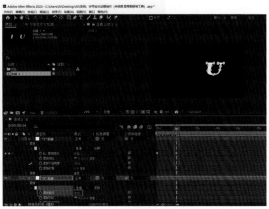

图5-15　设置"蒙版路径"关键帧　　　　图5-16　设置新的关键帧

操作实战6： **用蒙版制作三重分身术**

本案例使用蒙版"钢笔工具"给三段视频进行三重分身术的特效制作。

①新建合成，合成分辨率为1920px×1080px，导入制作视频所需的素材。选择素材，长按鼠标左键将素材拖至新建合成（图5-17）。

▶实战6微课◀

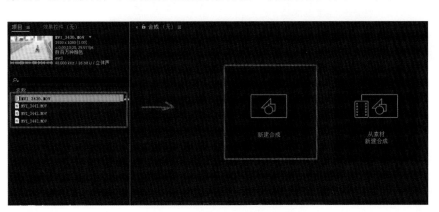

图5-17　新建合成并导入素材

②将所有素材放入合成中后，用"钢笔工具"将最上层素材中的人物圈出来，羽化边缘，制作出两重分身（图5-18）。

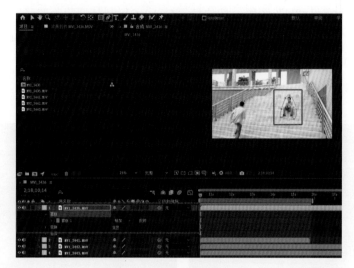

图5-18　人物使用蒙版工具

③选择另一个视频素材，用"钢笔工具"把人物圈出来，画面出现三重分身。最底下的图层不使用蒙版工具（图5-19）。

图5-19　实现三人同框

 课后训练

利用蒙版形状工具和钢笔工具并结合相关素材制作动态海报。

第6章 | 模拟仿真特效

知识目标 ● 熟悉AE 2023的模拟仿真特效的概念。

能力目标 ● 具备使用AE 2023模拟仿真特效制作气泡、小球状粒子化、下雨、下雪、粉碎等效果的能力。

素质目标 ● 通过模拟仿真特效的学习与操作实践，增强对自然现象的感受力和欣赏力，培养对大自然的热爱之情。

学习重点 ● 掌握模拟仿真特效的使用方法。

学习难点 ● 根据实际素材灵活使用仿真特效，并能举一反三。

6.1 模拟仿真特效的概念

模拟仿真特效一般是指模拟自然界中的真实效果，如火焰、大气、云层、山河等。AE中的仿真效果大部分是以粒子系统为基础来完成的。特效组中的部分特效经常会搭配使用，以模拟真实自然的效果，也有部分特效直接提供了现成的仿真效果。

6.2 模拟仿真特效操作实践

模拟仿真特效组包含了焦散、卡片动画、泡沫、粒子运动场、碎片、水波世界（Wave World）、下雨（CC Rainfall）、下雪（CC Snowfall）等主要特效，可以表现碎裂、液态、气泡、粒子、粉碎、电波、涟漪等模拟效果。

操作实战1: 卡片动画特效制作

本案例使用卡片动画对图层画面进行分割，产生卡片舞蹈的效果。该特效可以在X、Y、Z轴向产生三维效果，还可以设置摄像机、灯光和材质等效果。

①导入素材并创建合成，将合成中的素材大小调整好。选择最上面

▶实战1微课◀

的素材图层，在"效果和预设"中搜索"卡片动画"并双击使用（图6-1）。

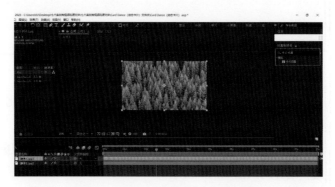

图6-1　创建合成并使用"卡片动画"

②在"效果控件"中，将"行数"和"列数"改为"列数受行数控制"，将"背面图层""渐变图层1""渐变图层2"改为"树木1"，将X位置、Y位置、Z位置的"源"改为相同的选项，将时间轴移至第0秒，将"X位置""Y位置"的"乘数"改为"60"，Z位置的"乘数"改为"10"并打上关键帧（图6-2）。

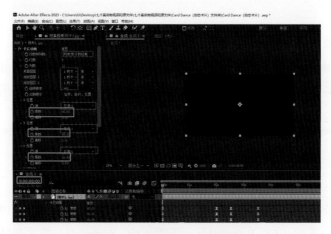

图6-2　在效果控件中修改参数

③将时间轴分别移至第2秒与第2秒13帧的位置，并在"效果控件"中，将"X位置""Y位置""Z位置"的"乘数"改为"0"，再将第0秒处的关键帧复制到第3秒13帧处（图6-3）。

④选择第二个素材图层，在"效果和预设"中搜索"卡片动画"并双击使用。在"效果控件"中，将"行数"和"列数"改为"列数受行数控制"，将"背面图层""渐变图层1""渐变图层2"改为"树木2"，将"X位置""Y位置""Z位置"的"源"改为相同的选项，将时间轴移至第3秒13帧处，将"X位置""Y位置"的"乘数"改为"60"，"Z位置"的"乘数"改为"10"并打上关键帧（图6-4）。

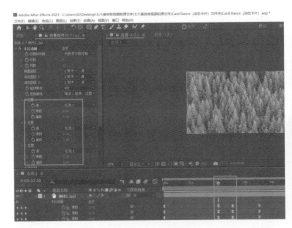

图6-3　设置参数

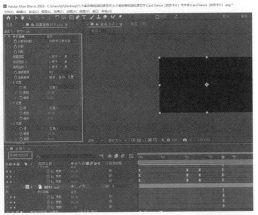

图6-4　使用"卡片动画"并打上关键帧

　　⑤选择第二个素材图层，将时间轴移至第5秒，在"效果控件"中，将"*X*位置""*Y*位置""*Z*位置"的"乘数"改为"0"并打上关键帧。选择所有图层的关键帧（按F9键），给所有关键帧打上缓动效果（图6-5）。

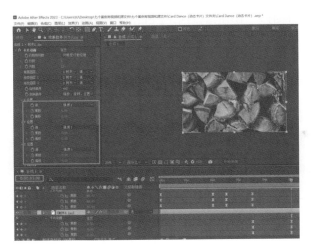

图6-5　修改参数打上关键帧

> **操作实战2：** ## CC Ball Action（小球状粒子化）特效制作

　　本案例应用CC Ball Action特效制作小球状粒子化的效果。调整CC Ball Action特效的参数设置，使图层的颜色产生变化，可以在图层上产生彩色小球粒子。

　　①新建合成，将所需要的素材导入合成。在菜单栏中选择"图层"→"新建"→"纯色"，建立一个纯色图层作为背景。然后鼠标右

▶实战2微课◀

键点击纯色图层，在弹出的面板选择"效果"→"生成"→"梯度渐变"（图6-6）。

②利用纯色图层"梯度渐变"效果控件调整颜色，使用"起始颜色"吸管工具选深紫色，使用"结束颜色"吸管工具选浅紫色，得到从左到右的紫色渐变效果，如图6-7所示。

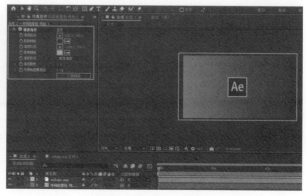

图6-6　使用"梯度渐变"　　　　　　　图6-7　调整为渐变效果

③选择导入的素材图层，按快捷键Ctrl + Shift + C将素材图层预合成，命名为"aelogo.png"。点击"将所有属性移动到新合成"进行合成（图6-8）。选择该合成，从"效果和预设"面板中搜索"CC Ball Action"，双击该效果应用于"aelogo.png"合成（图6-9）。

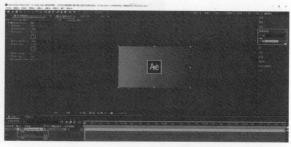

图6-8　预合成　　　　　　　　　　图6-9　使用CC Ball Action效果

④在"效果控件"面板中，将"Scatter"的数值改为"100"，将"Grid Spacing"的数值改为"1"，将"Rotation"的数值改为"1× + 0.0°"，将"Twist Angle"的数值改为"1× + 0.0°"。在时间轴第0秒处打上关键帧，再将时间轴移至第2秒，在"效果控件"面板点击重置（图6-10）。

⑤双击素材合成，进入合成后选择素材图层，按快捷键Ctrl + C复制素材图层。回到总的合成，按快捷键Ctrl + V将素材图层粘贴到总合成。选择素材合成与素材图层，将时间轴移至第2秒，按快捷键Ctrl + Shift + D将两个图层在第2秒切开，删掉素材合成第2秒后的图层（图6-11）。

图6-10　改变数值　　　　　　　　　　图6-11　处理素材合成

操作实战3：　泡沫特效制作

本案例使用模拟泡沫特效制作海里泡沫的效果。泡沫特效主要模拟自然界中的气泡、水珠等液体效果，此特效可以直接加给纯色图层。

①在"项目"面板点击鼠标右键，在弹出的菜单选择"新建合成"。设置合成分辨率为1920px×1080px，帧速率为25帧/秒，持续时间为10秒，单击"确定"按钮。导入海洋素材，拖动时间滑块可查看视频素材效果（图6-12）。

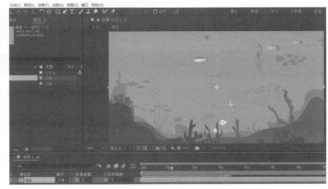

图6-12　导入海洋素材

②新建一个黑色纯色图层，单击"确定"按钮，命名为"泡泡"（图6-13）。

③为黑色"泡泡"图层添加"效果"→"模拟"→"泡沫"。设置"视图"为"已渲染"。调节"制作者"下面参数，将"产生点"设置为"960，700"，"产生X大小"设置为"0.4"，"产生速率"设置为"0.3"。点击"物理学"调节参数，将"缩放"设置为"0.8"，"综合大小"设置为"0.8"（可根据素材调整参数）（图6-14）。

图6-13　新建纯色图层并命名

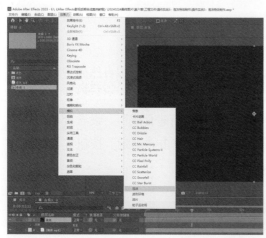

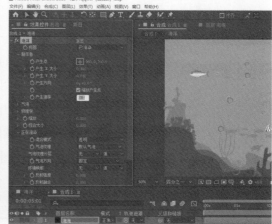

图6-14　添加泡沫图层并设置参数

④点击"正在渲染"，将"气泡纹理"改为"小雨"，泡泡颜色变成白色半透明。将"反射强度"改为0.3，"模拟品质"改为"强烈"，"随机植入"改为"2"（图6-15）。

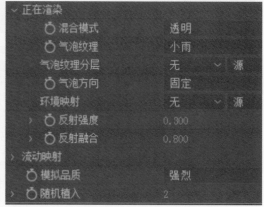

图6-15　根据素材设置参数

CC Mr.Mercury（水银流动）特效制作

本案例使用CC Mr.Mercury（水银流动）制作水滴落下的效果。

①新建合成，设置合成分辨率为1920px×1080px，帧速率为25帧/秒，持续时间为10秒。在菜单栏中选择"图层"→"新建"→"纯色"，建立一个纯色图层作为背景。鼠标右键点击纯色图层，在弹出的面板选择"效果"→"生成"→"梯度渐变"（图6-16）。

▶实战4微课◀

②利用纯色图层"梯度渐变"效果控件中的"吸管工具""渐变起点""渐变终点"，将纯色图层调整为浅蓝色往深蓝色的从左至右的渐变（图6-17）。

图6-16 新建合成并使用"梯度渐变"

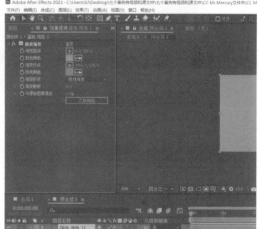

图6-17 利用吸管工具调整纯色图层

③在工具栏中利用"横排文字工具"创建文字图层，文字为"CC Mr.Mercury"。调整好大小位置，将文字放在背景中间，然后选择纯色图层与文字图层，按快捷键Ctrl+Shift+C预合成，并将合成重命名为"背景"（图6-18）。

图6-18 创建文字图层

④选择"背景"合成，按快捷键Ctrl + D复制粘贴一个"背景"合成，并重命名为"特效"。选择"特效"合成，在"效果和预设"面板中搜索"CC Mr.Mercury"，并双击给图层加上效果（图6-19）。

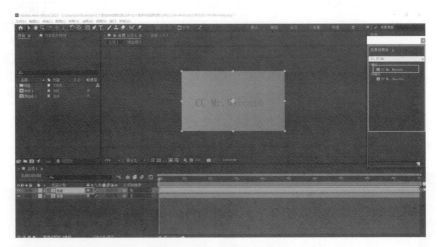

图6-19 复制"背景"合成

⑤将文字字体加粗，以便观察效果。选择"特效"合成，在"效果控件"中进行参数设置，如图6-20所示。设置"Radius X"（X轴旋转）参数为95，"Radius Y"（Y轴旋转）参数为"160"，"Producer"参数为"960, 0"，"Velocity"参数为"0"，"Birth Rate"参数为"0.2"，"Longevity（sec）"参数为"5"，"Gravity"参数为"0.5"。将"Animation"设置为"Direction"，"Influence Map"设置为"Constant Blobs"，将"Blob Birth Size"参数设置为"0.6"，"Blob Death Size"参数设置为"0.4"，"Light Intensity"参数设置为"30"，"Light Direction"参数设置为"0 × +85°"。

图6-20 调整参数

⑥选择背景图层的"效果"→"模糊和锐化"→"快速方框模糊",调整"模糊半径"参数为"2"(图6-21),拖动时间指示器可以看到水滴效果。

图6-21　背景添加模糊效果

操作实战5: CC Particle World(三维粒子运动)特效制作

CC Particle World特效参数主要由 Scrubbers(图片模式)、Grid(网格系统)、Producer(发射子系统)、Physics(物理子系统)、Particle(粒子子系统)和 Camera(摄像机子系统)组成。

本案例使用CC Particle World进行特效制作,参数设置供参考,可根据实际需求作调整。

▶实战5微课◀

①新建合成,设置合成分辨率为1920px×1080px,帧速率为25帧/秒。在菜单栏中选择"图层"→"新建"→"纯色",建立一个纯色图层作为背景。在"效果和预设"面板中搜索"梯度渐变"并双击使用,再调整颜色的渐变(图6-22)。

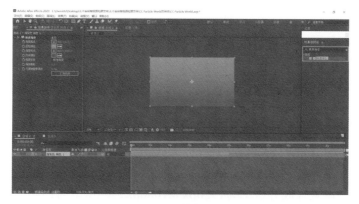

图6-22　调整颜色渐变

②在菜单栏中选择"图层"→"新建"→"纯色",创建一个纯色图层。选择新建的纯色图层,在"效果和预设"面板搜索"CC Particle World",双击使用该效果(图6-23)。

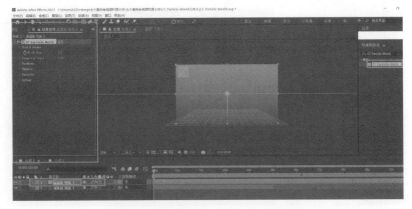

图6-23 使用CC Particle World效果

③在"效果控件"中对"CC Particle World"的各种数值进行调整(图6-24)。

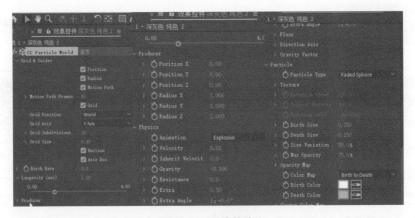

图6-24 调整数值

操作实战6: **CC Rainfall(下雨)与CC Drizzle(雨打水面)特效制作**

本案例使用CC Rainfall与CC Drizzle两个效果一起制作。CC Rainfall特效可以模拟真实的下雨效果,CC Drizzle特效可以使图像产生波纹涟漪的画面效果。

①新建合成,设置合成分辨率为1920px×1080px,帧速率为25帧/秒,导入背景图片(图6-25)。

▶实战6微课◀

图6-25　新建合成

②在"效果和预设"面板中搜索"CC Rainfall"，左键单击需要用到效果的素材图层，双击"CC Rainfall"使用效果（图6-26）。

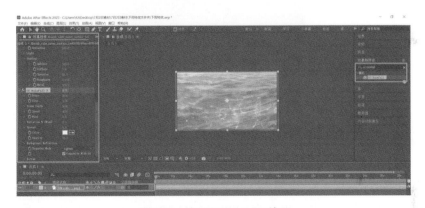

图6-26　使用CC Rainfall效果

③在"效果和预设"面板中搜索"CC Drizzle"，左键单击需要用到效果的素材图层，双击"CC Drizzle"使用效果（图6-27）。

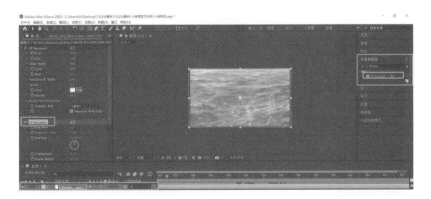

图6-27　使用CC Drizzle效果

④在"效果和预设"面板中找到"CC Drizzle"效果,打开"Shading"分组,将"Specular"的数值改为"50"(图6-28)。

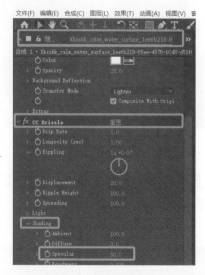

图6-28 改变数值

◄ **操作实战7:** **CC Snowfall(下雪)特效制作**

本案例用CC Snowfall特效模拟真实的下雪效果。

①新建合成,设置合成分辨率为1920px×1080px,帧速率为25帧/秒,导入雪景图片素材。选择素材图层,在菜单栏中选择"效果"→"模拟"→"CC Snowfall",加入效果(图6-29)。

▶实战7微课◀

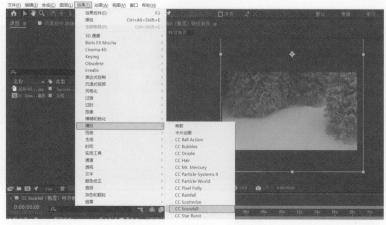

图6-29 导入背景图片和效果

②选择素材图层，在"效果控件"面板中将"Size"改为"8"，将"Scene Depth"中的"Speed"改为"300"，将"Wiggle"中的"Opacity"改为"100"。拖动时间轴即可预览下雪效果（图6-30）。

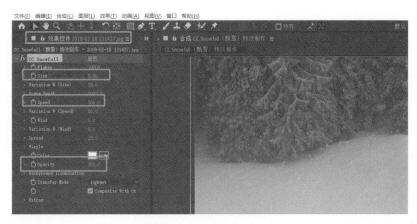

图6-30　设置素材图层参数

操作实战8：　Shatter（粉碎）特效制作

本案例使用仿真的碎片特效制作玻璃碎裂的文字效果。爆炸特效模拟自然界中的爆炸场面，比如玻璃、拼图等几何图形，也可以对图像制作爆炸效果，产生碎片。

①在"项目"面板点击鼠标右键，在弹出的菜单选择"新建合成"。设置合成分辨率为1920px×1080px，帧速率为25帧/秒，持续时间为10秒。单击"确定"按钮，导入海洋素材，把素材导入"时间轴"面板，设置"缩放"调整素材大小（图6-31）。

图6-31　新建合成导入素材

②按快捷键Ctrl＋Alt＋Shift＋T新建文本图层，输入文字"保护海洋环境"，移动到图片合适位置。为文字图层添加"效果"→"模拟"→"碎片"效果，将"视图"设置为"已渲染"，"形状"中"图案"设置为"玻璃"（图6-32）。

图6-32　添加文字并加入碎片效果

③点击"物理学"，设置"旋转速度"参数为"0.4"，"随机性"参数为"0.2"，"重力"参数为"1"，拖到时间指示器可查看最终玻璃碎片效果（图6-33）。

图6-33　设置碎片参数

< 操作实战9：　Wave World（水波纹）特效制作

本案例使用仿真的水波纹特效制作水面波纹的效果。水波纹特效用于创造各种液体波纹的效果，它是自带动画的，能够产生一个灰度位移图，为其应用特效塑造更加真实的水波纹效果。

①新建合成，设置合成分辨率为1920px×1080px，帧速率为25帧/秒，持续时间为25秒，并将其命名为"Wave World（水波纹）文字特效制作"，如图6-34所示。

②在工具栏选择"横排文字工具"，输入文字"After Effects 2023"，将文字图层放于"预览"面板中间。选择文字图层，点击鼠标右键，在弹窗中选择"图层样式"→"斜面和浮雕"和"渐变叠加"，如图6-35所示。

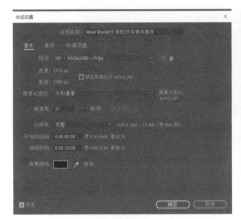

图6-34 新建合成并命名

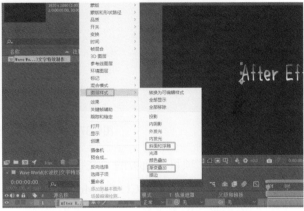

图6-35 输入并选择图层样式

③选择文字图层，将"渐变叠加"的"混合模式"改为"相乘"，"颜色"改为红色（R：255，G：29，B：29）至白色（R：219，G：148，B：148），如图6-36所示。

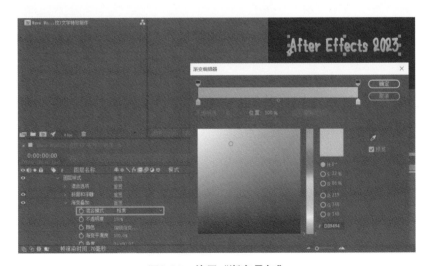

图6-36 使用"渐变叠加"

④将文字图层预合成，命名为"文字"。选择"文字"合成，在时间轴第1秒处打上"不透明度"为"0%"的关键帧，在时间轴第1秒6帧处打上"不透明度"为"100%"的关键帧（图6-37）。

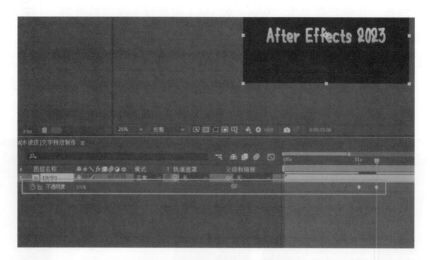

图6-37　预合成并打上关键帧

⑤复制一份"项目"面板的"文字"合成，命名为"文字动画"，拖入时间轴中。在"效果和预设"面板搜索"CC Mr.Mercury"，把效果放在"文字动画"合成中。在"效果控件"面板将"Radius X"的数值改为"50"，将"Radius Y"的数值改为"50"，将"Velocity"的数值改为"0"（图6-38）。

图6-38　复制"文字"合成并修改数值

⑥选择"文字动画"合成，在"效果控件"面板将"Producer"在时间轴第12帧处打上关键帧，在时间轴第1秒处将"Producer"的"X轴""Y轴"数值调小，在时间轴第

12帧处将"Birth Rate"的数值改为"80"，在时间轴第1秒处将"Birth Rate"的数值改为"160"，在时间轴第12帧处将"Resistance"的数值改为"0"，在时间轴第1秒处将"Resistance"的数值改为"－5"，在时间轴第1秒处将"文字动画"合成"不透明度"数值改为"100%"，在时间轴第1秒6帧处将"不透明度"数值改为"0%"（图6-39）。

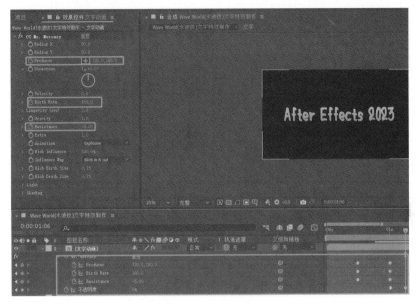

图6-39　打上关键帧

⑦在"时间轴"面板将"文字"合成复制一份，并命名为"文字气泡"。将合成开始时间移至第12帧，在"效果和预设"面板搜索"CC Bubbles"效果，把效果放在"文字气泡"合成中。在"效果控件"面板将"Bubble Size"数值改为"3"，将"Reflection Type"改为"Metal"（图6-40）。

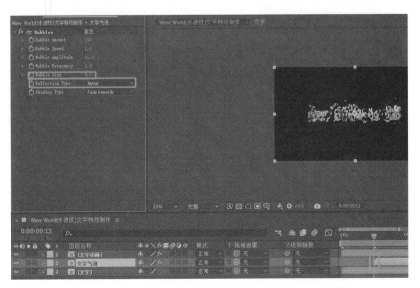

图6-40　将CC Bubbles效果放在"文字气泡"合成使用

⑧选择"文字气泡"合成，在时间轴第12帧处将"效果控件"面板的"Bubble Amount"数值改为"3000"，在时间轴第1秒12帧处将"Bubble Amount"数值改为"0"，在时间轴第12帧处将"Bubble Speed"数值改为"0.5"，在时间轴第1秒处将"Bubble Speed"数值改为"0"（图6-41）。

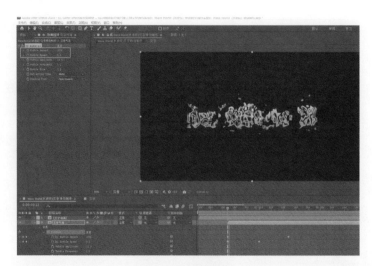

图6-41 调整参数

⑨在菜单栏中选择"图层"→"新建"→"纯色"，创建纯色图层。在"效果和预设"面板搜索"梯度渐变"并双击把效果放在"深紫色纯色1"图层中。将"起始颜色"改为"R：221，G：46，B：46"，将"结束颜色"改为"R：231，G：128，B：128"（图6-42）。

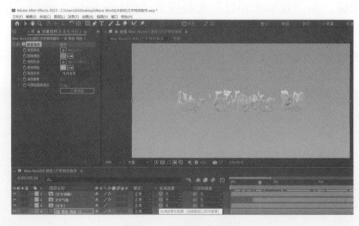

图6-42 创建纯色图层

课后训练

综合使用模拟仿真效果制作特效。

第 **7** 章 | 抠像特效

知识目标 ● 了解抠像技术的基本原理，熟悉AE抠像滤镜组中滤镜的用法及抠像的基本方法。

能力目标 ● 具备灵活使用抠像与滤镜的能力，掌握利用AE抠像（Keylight）技术将使用绿幕拍摄的素材抠除背景的处理方法。

素质目标 ● 通过抠像特效的学习与操作实践，培养精益求精、一丝不苟的严谨态度，树立大国工匠精神。

学习重点 ● 学会常用的抠像方法。

学习难点 ● 掌握"Keylight"抠像技术。

7.1 抠像基础知识

　　"抠像"一词是从早期电视制作中得来的，英文称作"Key"，意思是吸取画面中的某一种颜色作为透明色，将它从画面中抠去，从而使背景空出来，形成两层画面的叠加合成。抠像是要把画面中的某一种颜色彻底抠除掉，留下需要的主体。理论上任何一种单色都可以放进去，不过在实际应用中，红色、黄色及一些暖色调的颜色，在人的肤色及日常生活较为常见的颜色作为背景色时实施起来不理想。因此，常选用与日常生活反差较大的蓝色或绿色作为背景色。大部分用蓝色幕布来抠像。由于多数西方人的眼睛是蓝色的，所以多用绿色幕布来抠像。

7.1.1 抠像的概念

　　抠像特效在影视制作领域是被广泛采用的技术手段。演员在蓝色背景或绿色背景前表演，然后将拍摄的素材数字化，并且使用抠像技术，使背景颜色透明，用其他背景画面替换蓝色或绿色，这就是"抠像"。抠像特效并不是只能用蓝色或绿色，只要是单一的、比较纯的颜色都可以。但是与演员的服装、皮肤的颜色反差越大越好，这样键控比较容易实现。

7.1.2 常用的抠像方法

　　通过"颜色键"可以了解简单的抠像原理。而实际制作中，面对不同的拍摄素材，抠像往往不会一键完成，还需要解决出现的各种问题来改善最终的抠像效果。虽然抠像素材状况各异，但也有基本的规律和抠像步骤。对于画面干净的素材，先抠出主要背景颜色，然后消除主体边缘残留的颜色。对于复杂一点的素材，抠像步骤相对较多，包括建立蒙版以排除部分画面、抠出主色再通过扩展或收缩边缘、主体颜色校正等方法。

单一的背景颜色，可称为键控色（Color Key）。当选择并应用了一个键控色（即吸管吸取的颜色），被选颜色部分变为透明。同时可以控制键控色的相似程度，调整透明的效果，还可以对键控的边缘进行羽化，消除"毛边"的区域。

操作实战1： 黑底抠像

本案例为黑底小男孩跳舞视频素材抠像处理。使用提取效果抠像，可以去除素材中的黑色或白色（暗部或明部）。

①新建纯色图层素材，导入黑色背景下小男孩跳舞的视频素材（图7-1）。点击菜单栏中的"效果"→"抠像"→"提取"，双击使用"提取"效果（图7-2）。

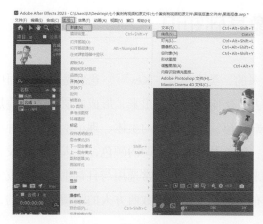

图7-1 建立纯色图层

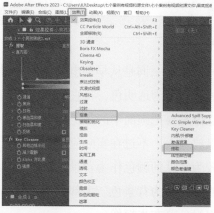

图7-2 使用"提取"效果

②点击菜单栏中的"图层"→"新建"→"纯色"，创建一个浅色背景，将背景放在素材图层的下面。

③在"效果控件"面板中调整数值，将素材的黑色背景去掉。点击菜单栏中的"效果"→"抠像"→"Key Cleaner"并双击使用，调整"Key Cleaner"效果控件的数值，将素材周围未处理干净的地方消除（图7-3）。

图7-3 调整数值将素材处理干净

本案例使用颜色键对白底素材进行抠像，并调整参数改善边缘。利用颜色键进行抠像适用于需要抠除的颜色极其明显（与其他颜色差异大）的情况。

①新建合成，导入"白底粽子镜头一""白底粽子镜头二""端午节"和"背景"图层，放在适当的位置（图7-4）。选择白色背景的粽子视频素材，点击菜单栏中的"效果"→"过时"→"颜色键"，给其加上该特效（图7-5）。

图7-4 导入素材

图7-5 使用"颜色键"效果

②在"效果控件"面板中点击"吸管工具"按钮，鼠标箭头变成吸管状。在"合成"面板选中粽子素材的白色区域，点击颜色方块，弹出"颜色"对话框，用HSL或RGB色彩模式指定一个颜色。单击后白色区域发生变化，但并未完全消失（图7-6）。

图7-6 使用"吸管工具"点击白色区域

③将"颜色容差"参数设置为"60"。该参数用于控制颜色容差范围，数值越小，颜色范围越小。粽子素材去掉白色区域后，边缘仍有锯齿毛边。设置"薄化边缘"的参数

为"3"，该参数用于调整键控边缘，数值为正则扩大遮罩范围，数值为负则缩小遮罩范围。设置"羽化边缘"的参数为"1"，该参数用于羽化键控边缘，产生细腻、稳定的键控遮罩效果（图7-7）。

图7-7　设置"颜色容差""薄化边缘""羽化边缘"参数

④对镜头二重复上述步骤，参数根据素材调整，调整图层位置后输出（图7-8、图7-9）。

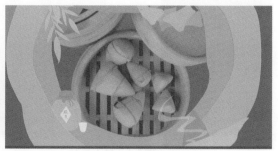

图7-8　镜头一　　　　　　　　　　　　　图7-9　镜头二

7.2　Keylight抠像

Keylight（主光抠像）是获得过多个奖项的抠像工具，一直运行在高端的平台上，现在植入AE后，为AE的抠像工具增加了一把利器。

操作实战3：　蓝背抠像

本案例主要讲解镜头蓝背抠像、图像边缘处理和调色与场景匹配等抠像技术的应用。

①导入所需要的素材并新建合成，选择"蓝布"图层，利用工具栏中的"钢笔工具"，将蓝色背景与人一起框选出来，如图7-10所示。

▶实战3微课◀

②选择"蓝布"图层，在"效果和预设"面板中搜索"Keylight（1.2）"并双击使用（图7-11）。

图7-10　蒙版处理边缘

图7-11　使用"Keylight（1.2）"

③在"效果控件"面板点击"吸管工具"按钮，鼠标箭头变成吸管状。在层面板或"合成"面板中选择素材的蓝色区域并单击，蓝色区域基本消失，但视频效果不太理想（图7-12）。

④拖动时间轴检查蓝色背景是否抠除干净，若有未抠除干净的蓝色背景，则在"效果控件"中将"Screen Gain"的数值调高至蓝色背景被彻底抠干净，如图7-13所示。

图7-12　点击蓝色背景

图7-13　调整参数

操作实战4：　绿背抠像

本案例主要讲解镜头绿背抠像，跟前面的蓝背抠像类似，对视频进行调色处理与场景匹配技术的应用。

①新建合成，导入"绿背背景"素材，选择"绿背"素材，在"效果和预设"面板中搜索"Keylight（1.2）"并双击使用（图7-14）。

②点击"吸管工具"按钮，鼠标箭头变成吸管状，在层面板或"合

▶实战4微课◀

成"面板中选择素材的绿色区域并单击，得到初步抠像效果，绿色区域消失（图7-15）。

图7-14　使用"Keylight（1.2）"抠像　　　　图7-15　去掉绿色背景

③通过"Foreground Colour Correction"（前景颜色校正）属性组对抠出的前景进行颜色校正。拖动时间轴检查，并在"效果控件"面板中选择"Screen Matte"（屏幕遮罩）→"Clip Black"（剪切黑色）和"Clip White"（剪切白色）进行遮罩优化。

综合操作实战：　背景加速

本案例学习蒙版与抠像的结合使用方法，针对外拍蓝色和绿色背景使用抠像和蒙版功能。

①新建合成并导入素材，在工具栏中选择"钢笔工具"，将"绿布"图层的人物框选出来（图7-16）。拖动时间轴观察人物打电话的视频，如果动作幅度大，需调整蒙版范围。

综合操作
实战微课

图7-16　使用钢笔工具

②选择"绿布"图层,在"效果和预设"面板中搜索"Keylight(1.2)"并双击使用。点击"吸管工具"按钮,鼠标箭头变成吸管状,在层面板或"合成"面板中选择素材的绿色区域并单击,吸取绿色背景的颜色后,绿色消失(图7-17)。

③新建合成,导入背景视频素材。背景视频的时间较长,需要做加速处理。选择背景视频,点击鼠标右键,在弹出的面板中选择"时间"→"时间伸缩",将"拉伸因数"改为"10%",如图7-18所示。

图7-17　去掉绿色背景

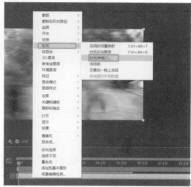

图7-18　加快背景视频速度

④为背景设置运动拉丝效果。选择背景图层,在"效果和预设"面板中搜索"CC Force Motion Blur"(运动模糊)并双击使用。在"效果控件"中将"Motion Blur Samples"数值改为"32",将"Shutter Angle"数值改为"720"(图7-19)。

图7-19　加上运动模糊效果

⑤选择背景图层,在"效果和预设"面板中搜索"高斯模糊"并双击使用,在"效果控件"中将"模糊度"数值改为"60",将"模糊方向"改为"水平"(图7-20)。

图7-20　加上高斯模糊效果

⑥把背景图层的"合成2"拖入"合成1"，加上背景后，拖动时间轴观察效果并进行调整。选择"绿布"图层，在"效果控件"面板中将"Screen Gain"的数值改为"110"，将"Clip White"的数值改为"60"（图7-21）。

图7-21　调整参数

注意：①要达到高质量的抠像效果，需要根据素材实际情况进行细致操作。在不同视图下查看结果，甚至查看多帧，并在适当的时候使用关键帧设置不同大小的属性值。②有时候因为绿布颜色不纯，第一步抠出来的像并不干净，可以通过调节参数来降低杂色。

利用蓝背或绿背抠像素材制作多人同框特效。

第 **8** 章 | 跟踪特效

知识目标 ● 了解跟踪的操作方法，熟悉跟踪的操作流程，了解它对影视合成的重要性。

能力目标 ● 具备处理抖动视频的能力，掌握一点、两点和四点跟踪的制作方法。

素质目标 ● 通过跟踪特效的学习与实践，培养在工作中细致耐心的习惯，从而加深对大国工匠精神的理解。

学习重点 ● 理解AE跟踪特效相关的合成技术。

学习难点 ● 掌握跟踪和稳定操作的流程。

AE 2023的跟踪特效是一个非常强大且特殊的功能，使用它可以对动态素材中的某个或某几个指定的像素点进行跟踪处理，然后将跟踪的结果作为路径依据，进行各种特效处理。在AE中实现跟踪有两种方法，分别是稳定跟踪和运动跟踪。稳定跟踪一般用于防止画面摇晃和抖动。运动跟踪一般用于将跟踪的路径应用在其他层上，使一个层跟踪另一个层上的某一个或某几个像素。

8.1　稳定跟踪

在拍摄时，镜头抖动是难免的，这也是我们通常需要使用三脚架的原因。但是在很多情况下无法使用三脚架，这时就需要通过AE后期来解决拍摄时抖动的问题。

操作实战1：　处理抖动视频

①在"项目"面板点击鼠标右键，选择新建合成，设置合成分辨率为1980px×1080px，帧速率为25帧/秒，持续时间为10秒。单击"确定"按钮，导入校园素材至"时间轴"面板，调整素材大小（图8-1）。

②在"跟踪器"面板选择"变形稳定器"，应用AE变形稳定器，将AE变形稳定器特效应用在校园视频素材上。该特效会自动对视频素材进行后台分析（第1步）（图8-2）。

图8-1　导入素材

图8-2　跟踪分析

③画面上短暂的"稳定"提示消失后，可以预览已处理的效果。根据需要调整AE中"变形稳定器"参数，选择"稳定"→"结果"→"平滑运动"，设置"平滑度"参数为80%，选择"稳定"→"方法"→"位置、缩放、旋转"。在预览窗口中观察视频素材的稳定性效果。若有需要，可以根据实际情况对参数进行微调，以达到最佳的稳定效果。切换回合成视图，视频画面的抖动得到改善（图8-3）。

图8-3　处理后抖动画面有改善

8.2 运动跟踪

运动跟踪是影视后期制作中常用的技术之一，它可以将计算机生成的图像或特效与实际影片中的运动镜头精确地结合起来。AE是一款功能强大的视频特效软件，它提供了丰富的工具和功能，方便我们进行运动跟踪的操作。AE会自动打开"跟踪镜头"面板，并在该面板中显示被选择时间范围内的画面。在该面板中，可以看到一个"跟踪点"或"跟踪区域"的图标（图8-4）。移动这个图标，可以选择一个适当的跟踪目标。在选择跟踪目标后，点击面板下方的"分析"按钮开始进行镜头跟踪。AE会自动分析被选择时间范围内的运动，并将跟踪数据应用到画面中。完成跟踪后，可以在"跟踪镜头"面板中预览跟踪的效果。如果跟踪效果不理想，可以尝试调整跟踪点的位置，或使用其他高级设置进行更精确的跟踪。如果跟踪结果良好，则点击"应用"按钮，AE会将跟踪数据应用到合成中。然后可以在合成中添加想要的特效或图像，并调整它们与原始影片的位置和大小，使之与影片中的运动一致。

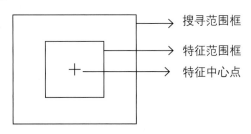

图8-4 跟踪点图标

8.2.1 一点跟踪

一点跟踪是指跟踪软件只利用一个特征区域进行图像的跟踪和稳定操作。由于在实际拍摄过程中，摄像机的镜头运动方式会出现很多不确定因素，一点跟踪的模式很难得到图像的变化信息。

操作实战2： 火焰跟踪特效制作

本案例运用AE运动跟踪中的一点跟踪，给笔加上火焰特效。

①导入视频制作所需素材并创建合成，选择菜单栏中的"窗口"→"跟踪器"，打开"跟踪器"面板，如图8-5所示。

②导入视频素材，在"跟踪器"面板点击"跟踪运动"，"预览"面板会出现一个跟踪点。将跟踪点放置在需要的位置，点击"跟踪器"

▶实战2微课◀

面板的播放键开始渲染跟踪（图8-6）。

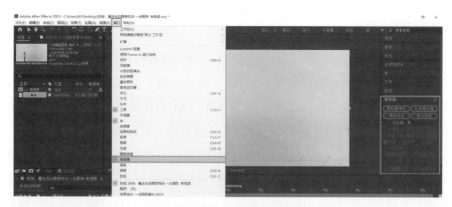

图8-5 打开"跟踪器"面板

图8-6 设置跟踪点

③等待跟踪器跟踪渲染完成，在菜单栏中选择"图层"→"新建"→"空对象"，创建一个空对象图层（图8-7）。

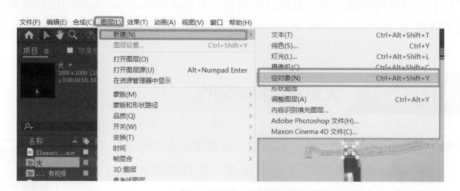

图8-7 创建空对象图层

④选择"跟踪器"面板中的"编辑目标"，将"编辑目标"选择为"空对象"图层。点击"跟踪器"面板，选择"应用维度"为"X和Y"后点击"确定"按钮，"空对象"

图层跟着跟踪点一起运动（图8-8）。

图8-8　跟踪点分析

⑤将需要跟踪运动的火焰素材导入合成中，将素材与"空对象"建立父子级关系（素材为子级，空对象为父级），火焰素材跟着需要跟踪的位置运动（图8-9）。

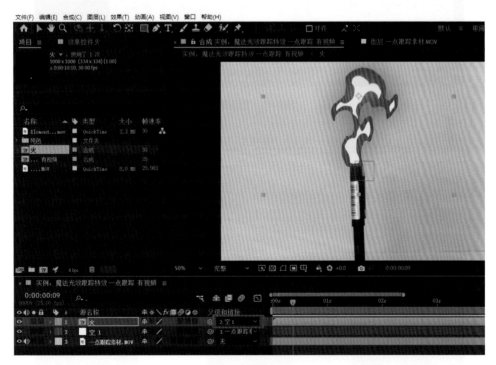

图8-9　跟踪火焰

8.2.2 两点跟踪

两点跟踪与一点跟踪的过程相同，两点跟踪不仅可以跟踪位置，还可以跟踪旋转和缩放。这时候要添加的子素材可以开一下3D图层，以便呈现更加精确的效果。

‹ 操作实战3： 实拍与涂鸦特效制作

本案例运用AE运动跟踪中的两点跟踪，在手臂上加上手绘的涂鸦特效。

▶实战3微课◀

①导入视频素材，在"跟踪器"面板中点击"跟踪运动"，预览面板出现跟踪点。在"跟踪器"面板中勾选"旋转"和"缩放"两个选项框，出现两个跟踪点。将两个跟踪点放置在手臂上记号的位置，点击"跟踪器"面板的播放键开始渲染跟踪（图8-10）。

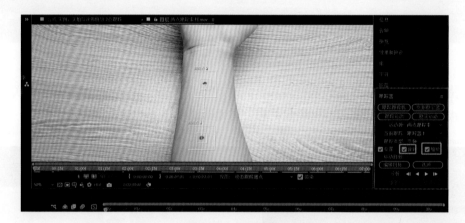

图8-10 创建跟踪

②跟踪渲染完成后，在菜单栏选择"图层"→"新建"→"空对象"，创建空对象图层。选择"跟踪器"面板中的"编辑目标"，将"编辑目标"选择为"空对象"图层，点击"跟踪器"面板中的"应用"，选择"应用维度"为"X和Y"并点击"确定"按钮，"空对象"图层跟着跟踪点一起运动（图8-11）。

图8-11 创建空对象图层

③将需要跟踪的素材导入合成，调整好位置大小和旋转，将素材"模式"改为"相乘"，"不透明度"数值改为"51%"，将涂鸦素材与空对象建立父子级关系（空对象为父级，素材为子级），如图8-12所示。

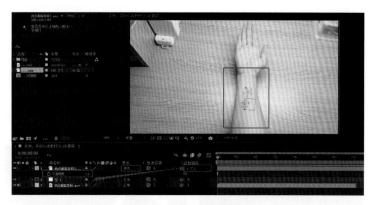

图8-12　导入涂鸦素材

8.2.3　四点跟踪

四点跟踪是指跟踪软件可以利用四个特征区域进行图像的跟踪和稳定操作。例如，使用摄像机围绕一台计算机的显示器进行移动拍摄，那么显示器屏幕的画面透视就会改变。此时如果能够以显示器屏幕的四个角作为四个特征区域，同时对这四个跟踪点进行跟踪，就可以很好地模拟这种透视变化，从而将另外一幅图像准确地替换在显示器屏幕上。

操作实战4：　替换手机屏幕

本案例使用AE运动跟踪中的四点跟踪，替换手机屏幕内容。

①导入视频素材，在"跟踪器"面板中点击"跟踪运动"，"预览"面板出现跟踪点。在"跟踪器"面板将"跟踪类型"改为"透视边角定位"，此时出现四个跟踪点。将四个跟踪点按顺序（1→2→3→4）放置在需要放置的位置（图8-13），点击"跟踪器"面板的播放键，开始渲染跟踪（图8-14）。

图8-13　跟踪点的设置

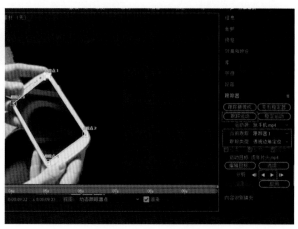

图8-14　渲染跟踪

②跟踪渲染完成后，在"跟踪器"面板中的"跟踪类型"中选择"透视边角定位"图层，点击"跟踪器"面板中的"应用"按钮（图8-15、图8-16），"虎年片头"图层跟着跟踪点一起运动，如图8-17所示。

③点击"时间轴"面板下方的"切换开关/模式"，将"虎年片头"图层混合模式改为"屏幕"，拖动时间轴可查看最终替换手机屏幕的效果（图8-18）。

图8-15　跟踪应用

图8-16　分析跟踪点

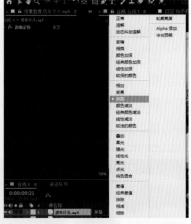

图8-17　导入替换素材　　　　　图8-18　更改混合模式

④选择"虎年片头"图层，点击"效果"→"模糊和锐化"→"通道模糊"，调整"Alpha模糊度"参数为"30"，视频边缘产生变化，更好地融入手机中（图8-19、图8-20）。

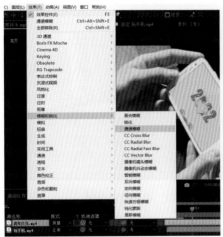

图8-19 添加"通道模糊"

图8-20 最终效果

综合操作实战： 赛博朋克风格特效合成

"赛博朋克"（Cyberpunk）是"控制论"（cybernetics）与"朋克"（punk）的合成词，建立在"低端生活与高等科技结合"的基础上。同时，它还演变为一种视觉美学风格，被运用到日常生活中的众多领域。本案例使用AE跟踪特效对拍摄的素材进行数字合成，制作出酷炫的赛博朋克风格特效。

综合操作
实战微课

①导入制作视频需要的素材并新建合成，选中"视频素材"图层，在菜单栏中选择"动画"→"跟踪摄像机"，等待视频素材分析完成，如图8-21所示。

②对视频分析完成后，"预览"面板出现很多小点，在"预览"面板中选择里面一栋楼房中间的三个小点，点击鼠标右键，在弹出的选项中选择"创建实底和摄像机"（图8-22）。

图8-21 使用"跟踪摄像机"

图8-22 创建实底和摄像机

③根据对应的楼房，利用"钢笔工具"对创建的实底进行调整，让实底形状与楼房形状达到一致。拖动时间轴，检查不同时间的实底形状与楼房形状是否一致（图8-23）。

④选中"实底"图层，按快捷键Ctrl + Shift + C对图层进行预合成，双击鼠标左键进入合成。在实底的合成中选择"实底"图层，按住Alt键，在素材面

图8-23　调整楼房形状

板将要使用的素材拖到"实底"图层进行替换（图8-24）。在"预览"面板对替换的素材图层进行大小调整，完成对第一栋楼房涂鸦效果的制作，如图8-25所示。

图8-24　创建预合成

图8-25　替换涂鸦素材

⑤根据以上方法，将中间的三栋楼房都加上涂鸦，如图8-26所示。

⑥点击"视频素材"图层，再点击"效果控件"面板中的"3D跟踪器摄像机"，在"预览"面板选择广告屏幕中的三个小点。点击鼠标右键创建实底，利用"旋转"与"缩放"操作让实底与广告屏幕重合（图8-27）。

图8-26　为三栋楼房加上涂鸦

图8-27　使用3D跟踪器摄像机

⑦选中"实底"图层，按快捷键Ctrl + Shift + C对图层进行预合成，双击进入合成。在实底的合成中选择"实底"图层，按住Alt键，在素材面板将要使用的素材拖到"实

底"图层进行替换。在"预览"面板中对替换的素材图层进行大小调整（图8-28），回到总合成中将实底合成的"模式"改为"相乘"，如图8-29所示。

图8-28 替换的素材

图8-29 相乘模式

⑧为右边最近的大楼的玻璃创建实底，通过"缩放""旋转""位置"关键帧用实底笼罩玻璃。使用"钢笔工具"将多余的部分框选出来，打开图层的"蒙版"，将蒙版"模式"改为"相减"，如图8-30所示。

⑨为右边最近的大楼的玻璃实底图层创建预合成，双击进入合成，将"实底"图层与素材图层更换，完成城市涂鸦特效操作，如图8-31所示。

图8-30 改蒙版模式

图8-31 整体效果

注意：①确保选取一个明显且稳定的跟踪目标，这样才能得到更准确的跟踪结果。②如果镜头中有相机移动或焦距变化等复杂运动，可以考虑使用多个跟踪点或区域，以增加跟踪的准确性。③如果需要跟踪一个物体在三维空间中的运动，可以使用AE的三维相机跟踪功能。

课后训练

拍摄一段素材并制作赛博朋克风格特效。

第**9**章 | MG动画角色设计与制作

知识目标 ● 熟悉MG动画角色的基本制作方法与流程。

能力目标 ● 掌握AE 2023人偶工具、人偶控制点的布置方法，具备制作MG动画角色四肢绑定与MG表情动画的能力。

素质目标 ● 通过设计与制作动画角色的操作实践，体验动画角色造型的美感，培养积极健康的审美观念。

学习重点 ● 掌握人偶工具和人偶控制点布置方法。

学习难点 ● MG动画角色四肢绑定与MG表情动画的制作。

9.1 动画角色基础动作概述

在动画中表现最多的是人物动作（包括拟人化的角色动作）。所以，研究和掌握人物动作的一些基本知识、动态线、运动轨迹、肢体语言也就十分重要。

由于人的活动受到人体骨骼、肌肉、关节的限制，日常生活中的一些动作虽然有年龄、性别、形体、肢体语言等方面的差异，但基本规律是相似的。人物性格的塑造通过人物的运动来完成，虽然人的运动方式多种多样，但并不是不可捉摸的。尽管每部影片中人物的造型和影片的内容都不尽相同，但是都遵循着基本的运动规律进行创造与发挥。

例如人的走路动作，人在走路的过程中身体头部的高低是有变化的。当迈出步子时，头部略低于直立形态，一只脚一着地，另一只脚提起朝前弯曲迈步之前，头就略高，然后再恢复至刚才略低的状态。由此，头部在空间中自然形成波形曲线运动轨迹。通常人体站立时，身体重心垂直于地面，所以才能保持稳定的姿态。如果人体要向前运动，首先要使身躯向前倾斜，重心前移到人体将失去刚才的平衡状态。为了保持身体的平衡，必须向前跨出一条腿支撑倾斜的身体，转移重心，直到另一条腿来接替，从而形成走路时左脚与右脚来回替换的规律。走路和跑步都是身体前倾转移重心形成的不稳定倾向从而产生姿态的变化，只是前倾幅度的大小不同。身体前倾的幅度和人行走的步幅大小、速度是成正比的，即走路时前倾的幅度大，必定步幅就大。

人与其他动物在动作上最明显的区别是：人是直立行走的。现实生活中我们每天都在走路，可是要用动画的形式表达出人的走路动作，是非常难的事情。表现行走的动作时，要根据剧情的需要设计不同速度的有变化的走路动作。一般情况下，动画中的角色走路动作很少与教科书中的标准走路动作完全一致。在掌握基本运动规律的前提下，根据剧情以及角色的特点对走路动作进行合理的艺术夸张，会使角色的动作更富有感染力。

9.2　人偶工具的运用

人偶（puppet）工具通过设置关节使角色产生各种动作。这是一个非常方便的动画制作系统，它在目标的各个部位设置关节点，通过这些关节点锁定影响范围、柔度等来产生复杂动画。人偶工具提供了实时动画的功能。当按住Ctrl键拖动关节点时，可以看到出现黄色边框，实时显示当前的动作状态，这样就可以完全依靠真实的动作来调节动画。

"人偶位置工具"（Puppet Pin Tool）用来设置关节点。关节点有两个作用：一个是锁定，另一个是移动。"人偶重叠控制点"（Puppet Overlay Tool）可以设置某片身体是在前方还是隐藏在背后。"人偶固化控制点"（Puppet Starch Tool）把刷到的地方变硬，使其不柔软，无法变形。

操作实战1：　卡通斑马角色的人偶控制点布置

本案例给卡通斑马角色进行人偶控制点的布置。本案例需掌握卡通角色人偶控制点布置方法，灵活运用并举一反三。

①新建合成，导入卡通斑马角色的素材图层，将素材分为"斑马身体""斑马后面的脚"图层，点击菜单栏的"图层"→"新建"→"纯色"，创建一个浅色背景（图9-1）。

▶实战1微课◀

图9-1　为角色新建背景图层

②选中"斑马身体"图层，在菜单栏中选择"人偶位置控点工具"，给图层打上图钉。在"效果控件"面板中将"人偶引擎"从"高级"改为"旧版"，将工具栏的"网格"的"显示"勾选，将"三角形"改为"800"，"扩展"改为"28"（图9-2）。

图9-2 斑马角色显示网格

③将"斑马身体"图层隐藏，选中"斑马后面的腿"图层，用"人偶位置控点工具"给图层打上图钉。在"效果控件"面板中将"人偶引擎"从"高级"改为"旧版"，将工具栏的"网格"的"显示"勾选，将"三角形"改为"500"，"扩展"改为"10"（图9-3）。

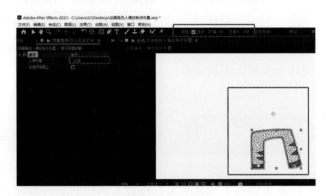

图9-3 打上图钉

④将时间轴移至第13帧处，通过拖动两个图层，利用"人偶位置控点工具"所打的图钉即可实现斑马的运动（图9-4、图9-5）。

图9-4 设置关键帧1

图9-5 设置关键帧2

操作实战2： 摆动尾巴的鱼

▶实战2微课◀

本案例使用网格工具制作鱼摆动尾巴的动画。

①新建合成，导入鱼的素材图层，将素材分为"鱼身体""尾巴""上鳍""下鳍"图层，点击菜单栏的"图层"→"新建"→"纯色"，创建一个浅色背景（图9-6）。

②选中"鱼身体"图层，在菜单栏中选择"人偶位置控点工具"，给图层打上图钉。在"效果控件"面板中将"人偶引擎"从"高级"改为"旧版"，将工具栏的"网格"的"显示"勾选，将"三角形"改为"800"，"扩展"改为"10"，如图9-7所示。

③将时间轴移至第13帧处，拖动"鱼身体"图层的图钉，调整鱼摆动的动作。将时间轴移至第1秒处，调整鱼摆动的动作，以衔接第13帧的动作（图9-8、图9-9）。

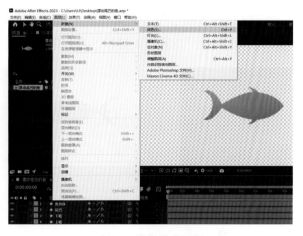

图9-6　创建浅色背景

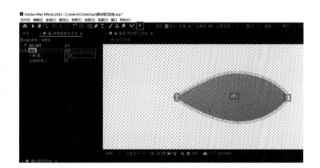

图9-7　给"鱼身体"打图钉

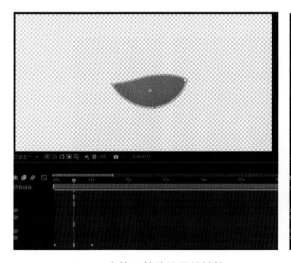

图9-8　在第13帧处设置关键帧

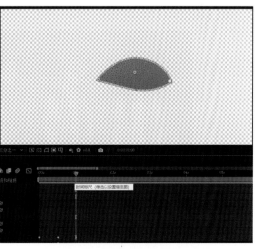

图9-9　在第1秒处设置关键帧

④将"鱼身体"图层的独显关掉，用同样方法制作鱼其他部分的关键帧。选择"尾巴"图层，利用"向后平移（锚点）工具"，将图层锚点移至"尾巴"与"鱼身体"相接处。选择"尾巴"图层，在时间轴第0帧、第13帧、第1秒处打上让"尾巴"图层衔接"鱼身体"图层动作的"位置"与"旋转"关键帧，具体参数根据动作需求进行调整（图9-10）。

⑤选择"上鳍"与"下鳍"图层，在时间轴第0帧、第13帧、第1秒处打上与"鱼身体"动作衔接的"位置"关键帧，参数根据动作进行调整（图9-11）。

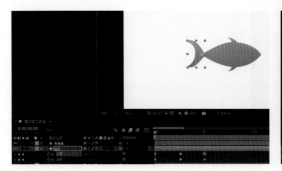
图9-10 鱼尾设置关键帧

图9-11 鱼鳍设置关键帧

9.3 MG动画角色四肢绑定

9.3.1 MG动画角色图层拆分

制作MG人物动画应考虑动画内容需求，可以绘制四个面的人物角色（图9-12）。可用PS或AdobeIllustrator（缩写AI）软件进行绘制。在绘制过程中需要按身体部位分好图层（图9-13）。

图9-12 PS绘制卡通角色四面图

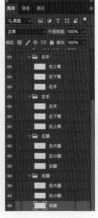
图9-13 分图层
绘制

9.3.2 动画角色素材要求

用PS绘制动画人物正面和侧面的注意事项如图9-14、图9-15所示。

脖子与衣服合并为
一个图层

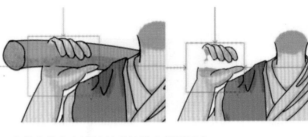

人物身体存在遮挡关系的地方都要画全

图9-14 合并的图层　　　　　　　**图9-15 绘画补空缺**

考虑到人物侧面说话的需求，需要把下巴、眼睛、眉毛等分图层绘画（图9-16）。

➡特别重要的侧面镜头，嘴部需要注意分图层：
上嘴唇与脸部在同一图层，下嘴唇与下巴在同一图层，且注意轮廓线跟在下巴部分

 　动画效果

侧面的头部图层：
眼睛、眉毛、嘴部单独分图层
鼻子、耳朵、头发图层可以与脸部图层合并

➡不重要的侧面镜头，嘴部可以用侧面口型直接切，
不用画出嘴部的轮廓线，脸部的曲线保持圆滑

图9-16 侧面绘制要求

＜ 操作实战3： 卡通小女孩绑定

本案例使用Duik插件对卡通小女孩进行角色绑定，插件需要提前安装。此插件具体见本操作实战Duik插件包（附安装说明），如图9-17所示。

《After Effects影视后期合成案例教程》 ＞ 第9章资料 ＞ 9.3.3实例Duik插件包 ＞ Dui

名称	修改日期	类型
Mac	2023/9/6 17:05	文件夹
Win	2023/9/6 17:05	文件夹
安装方法	2018/7/10 14:12	文本文档

▶ 实战3微课 ◀

图9-17 Duik插件包

①新建合成，在菜单栏中选择"文件"→"导入"→"文件"，导入卡通小女孩的AI素材文件。在弹出的面板中选择需要的文件，在"导入为"选项中选择"合成"→"保持图层大小"，点击"导入"按钮（图9-18）。

图9-18　分图层导入卡通小女孩适量素材

②打开"女孩正"合成，将"刘海""发箍""眼睛""鼻子""左耳""右耳"等所有属于头部的图层父子级绑定到"脸"（父级）图层上（图9-19）。

③在菜单栏中选择"窗口"→"Duik Bassel.2.jsx"，使用Duik插件（图9-20）。

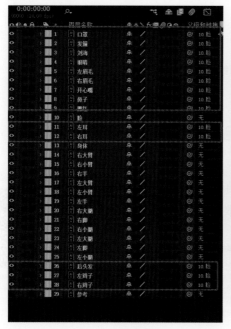

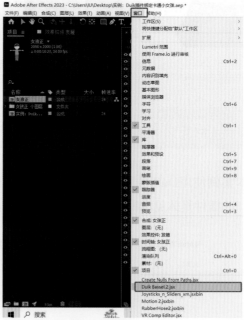

图9-19　绑定图层　　　　　　　　　　**图9-20　使用Duik插件**

④在Duik插件面板中，选择"绑定"→"创建骨骼"→"腿"选项，点击左键，将腿部的"趾"选项的勾选取消（因为素材穿了硬底的鞋子），如图9-21所示。

⑤在Duik插件面板中左键点击"腿"选项，"预览"面板与"图层"面板出现虚拟骨骼与骨骼图层，将"预览"面板中对应的腿部虚拟骨骼的关节点对应素材腿部的关节点摆放，另一条腿操作一致，如图9-22所示。

图9-21　去掉勾选

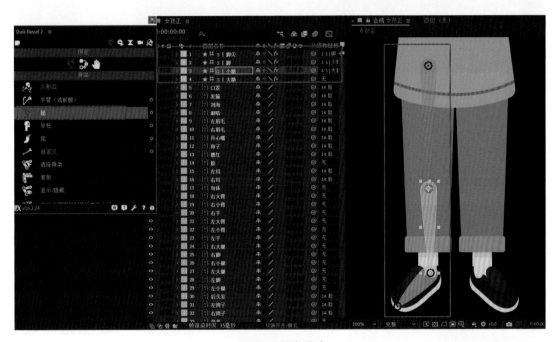

图9-22　腿部绑定

⑥在Duik插件面板中选择"手臂"选项，将"肩""爪"勾选去掉（因为素材没有肩膀图层，也没有明显的手指），点击创建。将手臂虚拟骨骼的关节点对应素材骨骼的关节点摆放，另一条手臂操作一致（图9-23）。

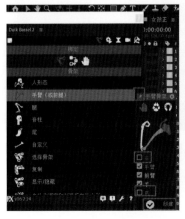

图9-23　手臂绑定

⑦在Duik插件面板中点击"脊柱"选项，将"预览"面板中的虚拟脊柱对应着素材脊柱的位置摆放（图9-24）。

图9-24　身体绑定

⑧在Duik插件面板中选择"链接和约束"，在"图层"面板中选择所有虚拟骨骼图层，点击Duik插件面板中的"自动化绑定和创建反向动力学"（图9-25）。

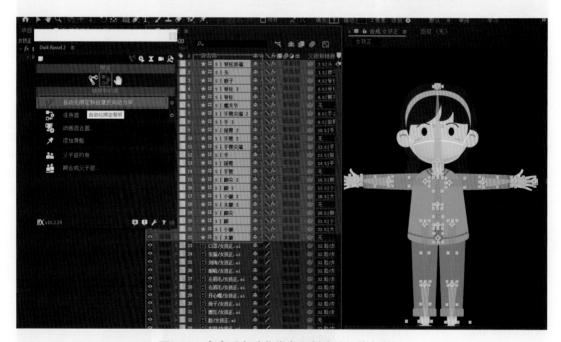

图9-25　点击"自动化绑定和创建反向动力学"

⑨将所有素材图层对应的身体部位与"s"（秒）开头的虚拟骨骼图层建立父子级关系（虚拟骨骼父级，素材图层子级），如图9-26所示。

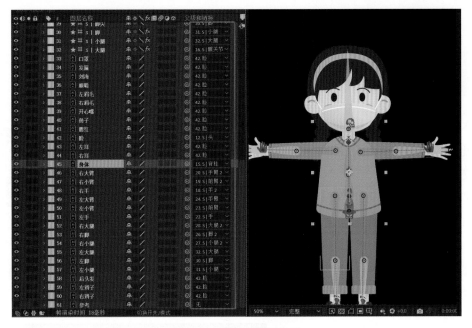

图9-26　建立父子级关系

⑩选择"右手"的控制器图层，在"效果控件"面板中将"Stretch"中的"Auto-Stret"勾选取消，使得各个图层的关节连接处不会因过度拉伸而断开（所有部位通用）。如需改变手或腿运动的朝向，则在"效果控件"面板中点击"IK"→"Reverse"进行勾选或取消（所有部位通用），如图9-27所示。

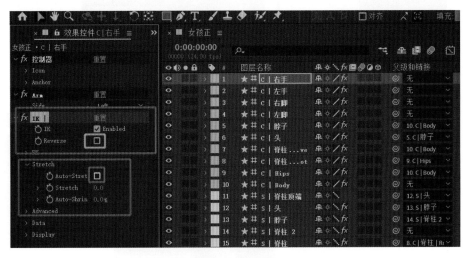

图9-27　IK绑定

9.4   **MG表情动画制作**

> **操作实战4：** **用Joysticks制作表情动画**

本案例使用Joysticks插件制作角色的表情动画，插件需要提前安装。此插件具体见从出版社官网下载的操作实战4的Joysticks插件包（附安装说明）。

▶实战4微课◀

①新建合成，分图层导入AI素材并创建合成，在菜单栏中选择"窗口"→"Joysticks_n_Sliders_xm.jsxbin"，使用Joysticks插件（图9-28）。

②将眼睛与眉毛的图层建立父子级关系（眼睛图层父级，眉毛图层子级），在第0帧的位置给所有需要调整的图层打上需要用到的关键帧（图9-29）。

图9-28 使用Joysticks插件

图9-29 父子级关系绑定

③选择时间轴位于第0帧的位置打上的所有关键帧，时间轴移至第1帧、第2帧、第3帧、第4帧处，点击Joysticks插件中的"初始"（图9-30）。

④时间轴移至第1帧位置，将素材表情调整为向右看的效果，并打上对应的关键帧（图9-31）。

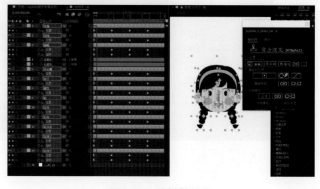

图9-30 关键帧设置

⑤时间轴移至第2帧的位置，将素材表情调整为向左看的效果，并打上对应的关键帧（图9-32）。

图9-31　调整向右看效果

图9-32　调整向左看效果

⑥时间轴移至第3帧的位置，将素材表情调整为向上看的效果，并打上对应的关键帧（图9-33）。

⑦时间轴移至第4帧的位置，将素材表情调整为向下看的效果，并打上对应的关键帧（图9-34）。

图9-33　调整向上看效果

图9-34　调整向下看效果

⑧选择所打的所有关键帧，在Joysticks插件上点击"创建新的操纵杆"（图9-35），得到一个可以通过控制操纵杆操纵面部朝向的头（图9-36）。

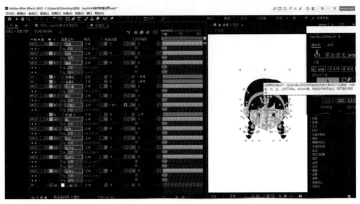

图9-35　创建新的操纵杆

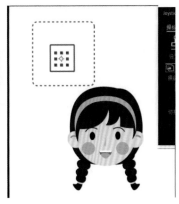

图9-36　使用操纵杆

综合操作实战： 制作简单人物动画

本案例使用Duik、Joysticks插件制作角色的动作与表情的动画。

①导入素材并新建合成，在菜单栏中选择"窗口"→"Duik bassel.2.jsx"，使用Duik插件（图9-37）。

图9-37　使用Duik插件

②调整素材大小，用"锚点工具"将"右手""右小臂""右大臂"的锚点移至各关节的位置（图9-38）。

③按住Ctrl键，依次选择"右手""右小臂""右大臂"图层，在Duik插件面板中点击"绑定"→"链接和约束"→"自动化绑定和创建反向动力学"，为整个右手臂创建反向动力学（图9-39）。左手臂采用同样的方法，调整锚点位置，依次选择"左手""左小臂""左大臂"图层，创建反向动力学。

图9-38　调整锚点

图9-39　绑定手臂

④将左、右大臂图层与"身体"图层建立父子级关系（左、右大臂图层子级，身体图

层父级），在菜单栏中选择"窗口"→"Joysticks_n_Sliders_xm，jsxbin"，调出Joysticks
插件面板（图9-40）。

⑤长按左键，拖动调整AE布局，将"眉毛"图层与"眼睛"图层建立父子级关系
（眉毛图层子级，眼睛图层父级）。选择与头部有关的图层，将这些图层打上头部运动需
用到的关键帧（"位置""旋转"）。移动时间轴，分别在第0帧、第1帧、第2帧、第3
帧、第4帧的位置选择所有打上的关键帧。在Joysticks插件面板点击"初始"，在第0帧至
第4帧的位置都打上关键帧（图9-41）。

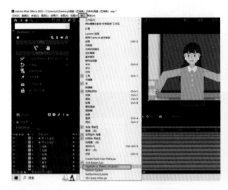

图9-40　使用表情插件　　　　　　　　　图9-41　设置头部关键帧

⑥时间轴移至第1帧的位置，对所有与头部有关的图层进行调整，将头部调整成向右
看的状态（图9-42）。

⑦时间轴移至第2帧的位置，对所有与头部有关的图层进行调整，将头部调整成向左
看的状态（图9-43）。

图9-42　制作头部向右看状态　　　　　　图9-43　制作头部向左看状态

⑧时间轴移至第3帧的位置，对所有与头部有关的图层进行调整，将头部调整成向上
看的状态（图9-44）。

⑨时间轴移至第4帧的位置，对所有与头部有关的图层进行调整，将头部调整成向下
看的状态（图9-45）。

图9-44 制作头部向上看状态

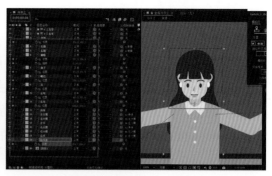

图9-45 制作头部向下看状态

⑩选择所有关键帧，在Joysticks插件面板中点击"创建新的操纵杆"，创建完毕后出现一个操纵杆，可以控制头部的转向运动。将没有绑定父子级关系的头部图层与身体图层建立父子级关系（头部图层子级，身体图层父级），如图9-46所示。

⑪时间轴移至第0帧的位置，为两个手部控制器图层与头部操纵杆图层打上位置关键帧（图9-47）。时间轴移至第1秒处，调整两个手部控制器的位置与头部操纵杆的位置再打上关键帧，完成手部与头部的同步运动（图9-48）。

图9-46 建立父子级关系

图9-47 头部操纵杆

图9-48 手部控制器

 课后训练

使用人物素材制作角色动作和表情动画。

第10章 | 综合案例——栏目包装

知识目标	了解栏目包装的制作流程和方法，熟悉栏目包装制作中AE相关的动画和特效功能。
能力目标	具备将学到的三维图层、效果应用、蒙版遮罩、摄像机功能灵活应用到商业视频表现中的能力。
素质目标	通过具有民族审美特色的栏目包装视频创作实践，树立正确的审美观念，培养充满正能量的审美情趣。
学习重点	综合应用摄像机功能创作具有视觉冲击力的栏目包装动画作品。
学习难点	摄像机动画节奏与AE三维空间应用。

综合操作实战： 水墨风格片头包装

本案例使用摄像机、三维图层来制作水墨风格片头的动画效果。片头主要构成有山脉、地面、文字及建筑背景。

①构建山脉空间效果。新建合成，设置合成分辨率为1920px×1080px，命名为"水墨风"，导入山脉素材，打开三维图层，绑定父子级关系，如图10-1所示。

②全选山脉图层，按下快捷键P，打开"位置"控制，拉开Z轴距离，第一个山脉的Z轴距离要单独调整，以贴合合成边缘，如图10-2所示。

图10-1　导入山脉素材

图10-2　拉开Z轴距离

③取消父子级关系，全选山脉图层，在"时间轴"面板按S键打开"缩放"控制，适当缩放。在"效果控件"面板中点击"效果"→"风格化"→"动态拼贴"，调整"输出宽度"，延伸山脉到合成边缘，如图10-3所示。山脉空间效果构建完成。

④制作摄像机动画效果，点击右键选择"新建"→"摄像机"，添加摄像机。新建一个空对象，命名为"摄像机控制"，作为摄像机父级，开启三维图层，如图10-4所示。

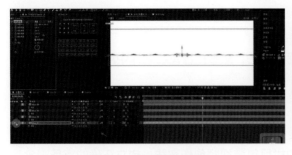

图10-3　动态拼贴山脉　　　　　　　　　　图10-4　创建摄像机

⑤操作空对象，在Z轴第0秒位置增加关键帧，将Z轴旋转适当角度，如图10-5所示。在Z轴位置前进到最后一座山之前增加关键帧，将Z轴旋转角度复原为0°，如图10-6所示。用F9键和图标编辑器分别对"位置"和"Z轴旋转"速度进行先快后慢的调整，如图10-7所示。摄像机山脉穿梭效果完成。

⑥制作地面效果。新建合成，命名为"DiMian"，导入地面素材。复制素材，选择复制图层，选择"轨道遮罩"为"亮度反转遮罩"，提取杂色，如图10-8所示。

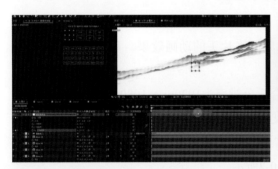

图10-5　动画效果关键帧1　　　　　　　　图10-6　动态效果关键帧2

图10-7　动画速度调整　　　　　　　　　　图10-8　提取地面杂色

⑦新建纯色对象，点击右键选择"效果"→"杂色和颗粒"→"分形杂色"，增加对比度，按住Alt键，点击"演化"前面的时钟图标，设置表达式为"time*100"，形成流动效果，如图10-9所示。

⑧把"DiMian"合成添加到"水墨风"合成里，开启三维图层，按下R键，调整X轴方向为−90°，与山脉垂直。按下S键，放大地面，使其囊括所有山脉，如图10-10所示。

⑨点击右键，新建纯色对象作为背景，选择柔和的颜色，并放置为底层。制作地面书法效果，导入书法素材，开启三维图层。按下R键，调整X轴方向为−90°，

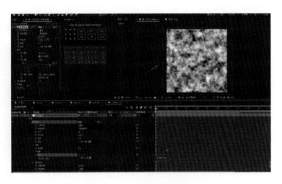

图10-9　地面流动效果

与地面水平。按下P键，调整Z轴位置至最后一座山前，适当缩放调整，如图10-11所示。

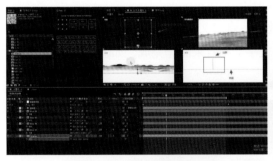

图10-10　摆放地面图片

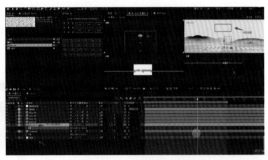

图10-11　导入书法素材

⑩选择"ShuFa"图层，双击矩形添加蒙版，缩小"蒙版扩展"，增加"蒙版羽化"，使书法边缘更自然。将"ShuFa"图层的"模式"改为"柔光"，地面书法效果完成，如图10-12所示。

⑪制作文字效果，新建合成，设置合成分辨率为500px×1080px，命名为"文字动画01"，添加文字素材和印章素材，如图10-13所示。

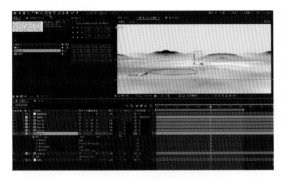

图10-12　地面书法效果

图10-13　制作文字效果

⑫预合成文字图层，命名为"文字01"，导入水墨晕染视频素材，适当缩放晕染素材，使其完全覆盖文字，将"文字01"的"轨道遮罩"（TrkMat）改为"亮度反转遮罩"

（图10-14）。

⑬将"文字动画01"合成添加到
"水墨风"合成，开启三维图层。按下P
键，调整Z轴位置至地面书法上方，适当
缩放调整。将"文字动画01"的时间轴与
水墨动画最后一座山出现的时间点对齐。

⑭导入水墨晕染视频素材，开启三
维图层。按下P键，调整Z轴位置与"文字
动画01"相同。按下R键，调整X轴方向

图10-14　文字晕染效果

为–90°，与地面水平，适当缩放调整，将"模式"改为"相乘"。过滤掉素材背景，将底
部水墨晕开的时间轴与"文字动画01"对齐，如图10-15所示。

⑮复制"文字动画01"和底部水墨晕染效果，修改文字内容。按下P键，Z轴位置与中
间文字错开，时间轴也与中间文字适当错开，文字动画效果制作完成，如图10-16所示。

图10-15　添加文字底部水墨晕染效果

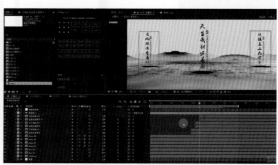

图10-16　复制文字动画

⑯制作建筑背景。导入建筑素材，打开三维图层。双击素材图层，使用"钢笔工
具"，选择工具创建蒙版，框选区域，调高"蒙版羽化"值（图10-17）。在素材图层导
入水墨晕染视频素材，缩放素材遮蔽建筑，并把建筑图层"轨道遮罩"改为"亮度反转遮
罩"（图10-18）。

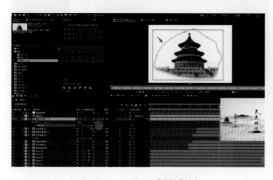

图10-17　导入建筑素材

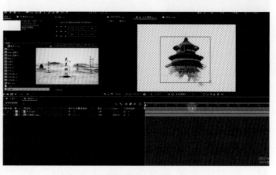

图10-18　制作建筑水墨效果

⑰回到"水墨风"合成，按下P键，调整位置，适当缩放。点击右方"效果和预设"面板，搜索"色调"效果，单击"色调"，使用去色处理，将"模式"改为"强光"（图10-19）。导入其他两个建筑合成，进行相同的操作，将"建筑"时间轴与"文字"时间轴对齐，出现文字透视效果，建筑背景制作完成（图10-20）。

图10-19　调整建筑位置　　　　　　　　　图10-20　制作建筑背景

⑱增加动画颜色。新建纯色对象，点击右键选择"效果"→"生成"→"梯度渐变"。选择"梯度渐变"，将"模式"改为"柔光"，如图10-21所示。水墨风格片头动画完成。

图10-21　增加动画颜色

综合操作实战：　虎年片头制作

本案例使用AE关键帧、蒙版、表达式等来制作虎年片头，主要涉及卡通老虎形象动态效果、文字动态效果与镜头转场效果的制作。本案例以中国生肖、传统剪纸等图像元素为主。

①新建合成，设置合成分辨率为1280px×720px，帧速率为25帧/秒。导入制作虎年片头所需要的素材，并命名为"镜头一"。在菜单栏中选

综合操作
实战微课

择"图层"→"新建"→"纯色",创建一个纯色图层,命名为"背景"(图10-22)。

图10-22　新建"镜头一"合成和背景图层

②将老虎尾巴素材拖入"镜头一"合成,在时间轴第2秒18帧的位置按快捷键Ctrl + Shift + D,将"尾巴1"的合成切断,并删除多余部分。在工具栏中用"钢笔工具"将老虎尾巴形状勾勒出来。打开"尾巴1"的蒙版,在时间轴第9帧处"蒙版路径"打关键帧,如图10-23所示。时间轴移至第0帧,把"尾巴1"合成路径向下移出"预览"面板,将"蒙版羽化"数值改为"100,100"(图10-24)。

图10-23　"蒙版路径"打关键帧

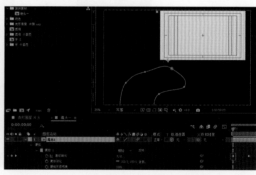

图10-24　移出"预览"面板

③将"尾巴1"合成在时间轴按快捷键Ctrl + D复制一层,并更名为"尾巴2"。将"尾巴2"合成蒙版删除,在工具栏中用"锚点工具"将合成的锚点移至老虎尾巴底部,将"尾巴2"合成的时间长度改为第2秒18帧至第3秒15帧。在时间轴第2秒19帧处将"缩放"数值改为"32.4,10.0%"并打上关键帧,在时间轴第2秒22帧处将"缩放"数值改为"43.4,40.2%",在时间轴第2秒24帧处将"缩放"数值改为"40.0,37.1%",在时间轴第3秒处将"旋转"数值改为"0× +0.0°"并打上关键帧,在时间轴第3秒8帧处将"旋转"数值改为"0× +102.0°",在时间轴第3秒21帧处将"旋转"数值改为"0× +142.0°"(图10-25)。

④打开脸部素材合成,将"胡须"图层的起始时间改为第10帧,将"眼睛"与"王"

图层的起始时间改为第1秒6帧，按快捷键Ctrl + Alt + Home将所有图层锚点居中。选择"胡须"图层，在时间轴第11帧处将"缩放"数值改为"174，186.1%"并打上关键帧，在时间轴第13帧处将"缩放"数值改为"112，119.8%"，在时间轴第18帧处将"缩放"数值改为"110，117.6%"。选择"眼睛"图层，在时间轴第1秒3帧处将"缩放"数值改为"111，111%"并打上关键帧，在时间轴第1秒4帧处将"缩放"数值改为"120，120%"，在时间轴第1秒8帧处将"缩放"数值改为"110，110%"，如图10-26所示。

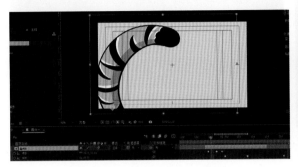

图10-25　设置"尾巴"关键帧

图10-26　设置"胡须"与"眼睛"
图层"缩放"关键帧

⑤选择"眼睛"图层，使用"矩形工具"将"眼睛"图层圈起，在时间轴第1秒12帧处打上"蒙版路径"关键帧。在时间轴第1秒15帧处将蒙版向下移开眼睛，选择"蒙版路径"的两个关键帧，按快捷键Ctrl + C复制关键帧，在时间轴上间隔3帧按快捷键Ctrl + V进行粘贴，间隔3帧再进行复制，然后间隔3帧将"蒙版路径"再次上移至眼睛可见，如图10-27所示。

⑥选择"王"图层，在时间轴第1秒5帧处将"缩放"数值改为"25.7，27.9%"并打上关键帧，在时间轴第1秒10帧处将"缩放"数值改为"64.7，70.2%"。在时间轴第1秒5帧处将"不透明度"数值改为"0%"并打上关键帧，在时间轴第1秒10帧处将"不透明度"数值改为"100%"，如图10-28所示。

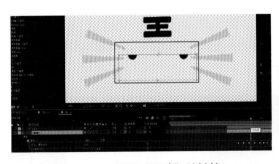

图10-27　设置"眼睛"关键帧

图10-28　设置"王"图层关键帧

⑦回到"镜头一"合成，将"脸"合成拖入"镜头一"合成。选择"脸"合成，利用"钢笔工具"进行勾勒。根据老虎尾巴的运动，对蒙版打上"蒙版路径"关键帧，最终将

整个"脸"合成遮挡住（图10-29）。

⑧在"项目"面板中创建一个与"镜头一"同规格但持续时间为15秒的合成，命名为"镜头二"。在菜单栏中选择"图层"→"新建"→"纯色"（R：255，G：208，B：115）。选择纯色图层，在时间轴第4秒5帧处打上"位置"关键帧，在时间轴第3秒14帧处将"位置"数值改为"－650，360"，如图10-30所示。

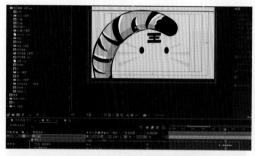

图10-29　设置"脸"关键帧

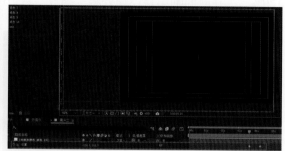

图10-30　新建纯色图层设置关键帧

⑨将"2022"合成拖入"镜头二"合成。在时间轴第4秒11帧处给"2022"合成打上"位置""缩放""不透明度"关键帧，在时间轴第4秒2帧处将"缩放"数值改为"54%"。在时间轴第3秒18帧处将"缩放"数值改为"173%"，将"位置"数值改为"640，890"，将"不透明度"数值改为"0%"。在时间轴第4秒23帧处将"缩放"数值改为"84%"，在时间轴第5秒10帧处将"缩放"数值改为"100%"，并全选关键帧按F9键设置缓动效果，如图10-31所示。

⑩将"左爪"素材拖入"镜头二"合成，利用"锚点工具"将锚点移至左爪正下方。在时间轴第6秒1帧处将"位置"数值改为"391，895"并打上关键帧，在时间轴第6秒8帧处将"位置"数值改为"391，731"，在时间轴第7秒14帧处将"位置"数值改为"391，731"，在时间轴第7秒23帧处将"位置"数值改为"391，926"。在时间轴第6秒12帧处将"旋转"数值改为"0×＋0°"，在时间轴第6秒18帧处将"旋转"数值改为"0×－34°"，在时间轴第6秒24帧处将"旋转"数值改为"0×＋16°"，在时间轴第7秒7帧处将"旋转"数值改为"0×－39°"，在时间轴第7秒11帧处将"旋转"数值改为"0×＋0°"，并勾选"动态模糊"，如图10-32所示。

图10-31　设置"2022"关键帧

图10-32　设置"左爪"关键帧

⑪将"右爪"素材拖入"镜头二"合成，在时间轴第6秒1帧处将"位置"数值改为"831，790"并打上关键帧，在时间轴第6秒5帧处将"位置"数值改为"831，673"，在时间轴第7秒14帧处将"位置"数值改为"831，673"，在时间轴第7秒24帧处将"位置"数值改为"831，842"，如图10-33所示。

⑫将"虎头"素材拖入"虎头"合成，在时间轴第1帧处将"位置"数值改为"624，882"并打上关键帧，在时间轴第12帧处将"位置"数值改为"624，560"，在时间轴第3秒9帧处将"位置"数值改为"624，560"，在时间轴第3秒12帧处将"位置"数值改为"610，560"，在时间轴第3秒21帧处将"位置"数值改为"1535，560"。在时间轴第3秒9帧处将"旋转"数值改为"0×+0°"并打上关键帧，在时间轴第3秒12帧处将"旋转"数值改为"0×-3°"，在时间轴第3秒16帧处将"旋转"数值改为"0×+4°"，如图10-34所示。

图10-33　设置"右爪"关键帧

图10-34　设置"虎头"关键帧

⑬将"虎眼睛"素材拖入"虎头"合成。选择"虎眼睛"合成，在时间轴第0帧处将"位置"数值改为"624，882"并打上关键帧，在时间轴第12帧处将"位置"数值改为"624，560"，在时间轴第16帧处将"位置"数值改为"624，560"，在时间轴第19帧处将"位置"数值改为"643.5，554"，在时间轴第22帧处将"位置"数值改为"663，566"，在时间轴第1秒处将"位置"数值改为"643，556"，在时间轴第1秒3帧处将"位置"数值改为"624，560"，在时间轴第3秒9帧处将"位置"数值改为"624，560"，在时间轴第3秒12帧处将"位置"数值改为"610，560"，在时间轴第3秒21帧处将"位置"数值改为"1535，560"。在时间轴第3秒9帧处将"旋转"数值改为"0×+0°"并打上关键帧，在时间轴第3秒12帧处将"旋转"数值改为"0×-3°"，在时间轴第3秒16帧处将"旋转"数值改为"0×+4°"，如图10-35所示。

图10-35　设置"虎眼睛"关键帧

⑭将"虎头"合成拖入"镜头二"合成中，将"虎头"合成的起始时间移至第4秒

23帧，如图10-36所示。

⑤在"项目"面板中将"虎头"素材复制并拖入"镜头二"合成，更名为"头"。利用"锚点工具"将"头"合成中的锚点放置于虎头中间，将"旋转"数值改为"0×+182°"。在时间轴第9秒7帧处将"位置"数值改为"656，－143.2"并打上关键帧，在时间轴第9秒23帧处将"位置"数值改为"656，166"，在时间轴第10秒7帧处将"位置"数值改为"656，166"，在时间轴第10秒13帧处将"位置"数值改为"656，－170"，将"头"合成起始位置移至第9秒7帧，如图10-37所示。

图10-36　"虎头"合成拖入"镜头二"合成　　　图10-37　复制"头"图层设置关键帧

⑥在"项目"面板新建一个与"镜头二"合成同规格的合成，并命名为"镜头三"，在"镜头三"合成中创建一个纯色图层。选择其中一个纯色图层，利用"椭圆工具"，在"预览"面板中间（纯色图层的锚点位置）按快捷键Ctrl＋Shift＋T为纯色图层加上正圆蒙版，如图10-38所示。

⑦选择白色纯色图层，在时间轴第10秒14帧处将"缩放"数值改为"0，0%"并打上关键帧，在时间轴第11秒4帧处将"缩放"数值改为"433，433%"。然后将白色纯色图层复制成四层，拖动图层，让除了白色纯色图层以外的纯色图层的第一个"缩放"关键帧距离白色纯色图层的第一个"缩放"关键帧7帧，再选择纯色图层点击菜单栏中"图层"→"纯色设置"更改颜色（R：255，G：245，B：186；R：237，G：191，B：99；R：252，G：212，B：132），如图10-39所示。

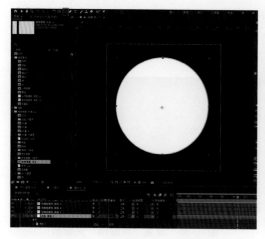
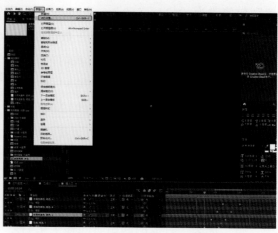

图10-38　纯色图层加上正圆蒙版　　　　图10-39　设置纯色图层关键帧

⑱创建一个与"镜头三"同规格的合成，将需要用到的素材导入并命名为"5个圈"。选择其中一个圆圈图层，在时间轴第12秒3帧处将"位置"数值改为"640，－99"并打上关键帧，在时间轴第12秒21帧处将"位置"的数值改为"640，360"（有两个由上至下的圆圈图层制作步骤一致）。选择一个未制作的圆圈

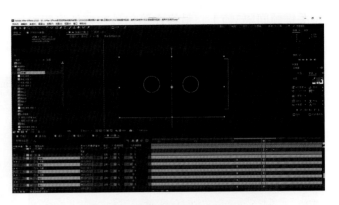

图10-40　圆圈图层设置关键帧

图层，在时间轴第12秒3帧处将"位置"数值改为"640，864"并打上关键帧，在时间轴第12秒21帧处将"位置"数值改为"640，362"（有三个由下至上的圆圈图层制作步骤一致），如图10-40所示。

⑲选择"鞭炮"图层，在时间轴第12秒21帧处将"缩放"数值改为"431，413%"并打上关键帧，在时间轴第13秒1帧处将"缩放"数值改为"100，100%"，在时间轴第12秒21帧处将"不透明度"数值改为"0%"并打上关键帧，在时间轴第13秒1帧处将"不透明度"数值改为"100%"。在"鞭炮"图层的"时间轴"面板双击U键，并输入表达式"freq＝3；"。剩余"饺子"和"福"等图层素材制作步骤一致，将关键帧间隔时间进行调整即可，时间轴最大值为13秒10帧，如图10-41所示。

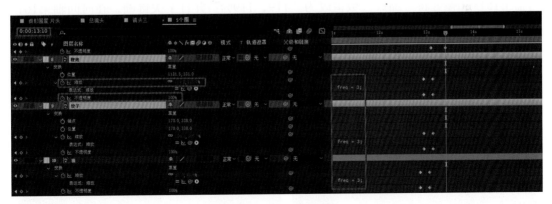

图10-41　表达式设置

⑳在菜单栏中选择"图层"→"新建"→"纯色"，建立一个红色（R：233，G：18，B：18）的纯色图层。选择该纯色图层，在时间轴第14秒3帧处将"不透明度"数值改为"0%"并打上关键帧，在时间轴第14秒5帧处将"不透明度"数值改为"100%"。在时间轴第14秒12帧处使用"钢笔工具"为该纯色图层创建蒙版形状（图10-42）。在时间轴第14秒15帧处使用"钢笔工具"将蒙版改为一个四分之一的圆

（关键帧间隔3帧），最终在第14秒24帧处将蒙版形状改为一个与圆圈图层一样的正圆，并将其复制为五个图层（橙色R：231，G：160，B：17），如图10-43所示。

图10-42　创建蒙版

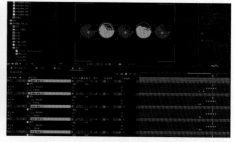

图10-43　蒙版圆形动画设置

㉑在"项目"面板中创建一个与"镜头三"合成规格相同的合成，命名为"镜头四"。进入"镜头四"合成，在菜单栏中点击"图层"→"新建"→"纯色"，建立纯色图层（R：255，G：244，B：244）。选择该纯色图层，使用"钢笔工具"在纯色图层下方绘制波浪形，其他三个方向不变。在时间轴第15秒3帧处将"位置"数值改为"640，－296"，在时间轴第15秒16帧处将"位置"数值改为"640，445"。选择该纯色图层，在"时间轴"面板双击U键，输入表达式"transform.position"，将该纯色图层复制一层并改色为"R：233，G：18，B：18"，如图10-44所示。

㉒选择改色后的纯色图层，在时间轴第15秒3帧处将"位置"数值改为"640，－409"并打上关键帧，在时间轴第15秒16帧处将"位置"数值改为"640，332"。在时间轴第15秒20帧处将"缩放"数值改为"119，119%"并打上关键帧，在时间轴第16秒4帧处将"缩放"数值改为"397，397%"。选择该纯色图层，在"时间轴"面板双击U键，删除原有表达式并输入表达式"freq＝3"（图10-45）。

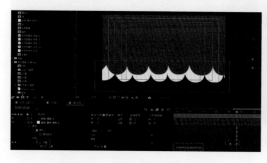

图10-44　白色图层表达式设置

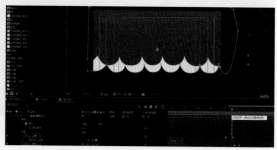

图10-45　红色图层表达式设置

㉓选择黄色背景图层，用"钢笔工具"在正中间添加一个正圆蒙版，在时间轴第16秒2帧处将"缩放"数值改为"0，0%"并打上关键帧，在时间轴第16秒21帧处将"缩放"数值改为"615，615%"，如图10-46所示。

㉔选择"福"图层，在时间轴第16秒17帧处将"位置"数值改为"640，－108"并打上关键帧，在时间轴第17秒处将"位置"数值改为"640，364"，在"时间轴"面板双击U键，输入表达式"freq = 3；"（图10-47）。

图10-46 黄色背景图层关键帧设置　　　　　　图10-47 "福"图层表达式设置

㉕在"项目"面板新建一个和"镜头四"合成同规格但持续时间为18秒的合成，命名为"总镜头"。将所有镜头合成拖入"总镜头"，合成由上到下为"镜头四""镜头三""镜头二""镜头一"，如图10-48所示。

图10-48 合并成总镜头

 课后训练

根据所给素材制作虎年片头后面几个镜头。

参考文献

[1] 克里斯·杰克逊. After Effects动态设计：MG动画＋UI动效[M]. 隋奕，译. 北京：人民邮电出版社，2020.

[2] 布里·根希尔德，丽莎·弗里斯玛. Adobe After Effects CC 2017经典教程[M]. 郝记生，译. 北京：人民邮电出版社，2017.

[3] 王岩，王青，史艳艳. After Effects影视特效与栏目包装案例精解[M]. 北京：机械工业出版社，2022.

[4] 杨添，张晓涵. After Effects影视特效制作标准教程[M]. 北京：清华大学出版社，2022.

[5] 柯健. After Effects影视特效与合成实例教程[M]. 2版. 北京：电子工业出版社，2020.

[6] 王威. After Effects动态设计实战：UI动效＋MG动画＋影视特效[M]. 北京：人民邮电出版社，2023.

[7] 李四达. 数字媒体艺术简史[M]. 2版. 北京：清华大学出版社，2023.

[8] 丁男. 动态图形设计[M]. 北京：化学工业出版社，2022.